全国农民教育培训规划教材

梅花鹿 貉

生产技术

韩欢胜　主编

中国农业出版社
北　京

图书在版编目（CIP）数据

梅花鹿　貉生产技术／韩欢胜主编．—北京：中国农业出版社，2021.12
全国农民教育培训规划教材
ISBN 978-7-109-28111-0

Ⅰ.①梅…　Ⅱ.①韩…　Ⅲ.①梅花鹿—饲养管理—技术培训—教材②貉—饲养管理—技术培训—教材　Ⅳ.①S865

中国版本图书馆 CIP 数据核字（2021）第 063770 号

梅花鹿　貉生产技术
MEIHUALU　HE SHENGCHAN JISHU

中国农业出版社出版
地址：北京市朝阳区麦子店街 18 号楼
邮编：100125
责任编辑：高　原　　文字编辑：耿韶磊
版式设计：杜　然　　责任校对：吴丽婷
印刷：北京中兴印刷有限公司
版次：2021 年 12 月第 1 版
印次：2021 年 12 月北京第 1 次印刷
发行：新华书店北京发行所
开本：720mm×960mm　1/16
印张：11.5
字数：200 千字
定价：32.00 元

编写人员名单

主　　编　韩欢胜　黑龙江八一农垦大学

副 主 编　杜智恒　东北农业大学

　　　　　刘志平　东北林业大学

编　　者　赵列平　黑龙江省农垦科学院

　　　　　卫喜明　黑龙江省农垦科学院

　　　　　宋伟红　黑龙江省农垦科学院

　　　　　赵晓静　黑龙江省农垦科学院

　　　　　郭喜明　哈尔滨博蒙生物科技有限公司

　　　　　徐　馨　黑龙江普惠特产有限公司

Foreword 前 言

特种畜禽养殖业是畜牧业的有机组成部分，发展特种畜禽养殖业有利于满足国民多元化生活需求；有利于增加国民经济收入、提高人民生活水平；有利于野生动物资源保护；有利于国家农业供给侧结构改革和地区特色支柱产业发展。发展特种畜禽养殖业对国家经济发展和满足人民日益增长的生活需要具有重要意义。

特种畜禽养殖业弥补了传统畜禽养殖业市场的空缺，随着人们消费结构的多元化和大健康产业发展，特种畜禽养殖业正迎来良好的市场发展机遇。但与传统畜禽养殖业相比，特种畜禽养殖业生产水平仍显落后，需加大技术推广力度。

特种畜禽主要包括鹿类、毛皮动物、特禽和羊驼等 16 种动物，动物种类比较多。因黑龙江垦区鹿类和毛皮动物在特种畜禽养殖业中所占比重较大，因此本教材选择有代表性的梅花鹿和貉两种动物，对其生产中亟须的基础理论和实用生产技术进行了总结。

本教材共 10 章内容，主要阐述了鹿的重要价值，世界鹿业和中国鹿业现状；鹿科动物的分布和主要的茸鹿品种；鹿的生理特点及生物学特性；鹿的繁育；茸鹿的饲养管理；茸鹿疾病的防治；鹿产品的采收与加工；貉的饲养概况；貉的饲养管理；貉的繁育；貉疫病的防治。本教材适用于特种畜禽广大从业者。

参加本教材编写的有黑龙江八一农垦大学韩欢胜（主编，编写绪论，第三章第五节、第六节，第四章，第五章，第六章第一节、第三节、第四节）、东北农业大学杜智恒（副主编，编写第一章、第二章）、东北林业大学刘志平（副主编，编写第八章、第九章）、黑龙江省农垦科学院赵列平（编写第三章第二节、第三节）、黑龙江省农垦科学院卫喜明（编写第三章第七节）、黑龙江省农垦科学院赵晓静（编写第三章第一节、第四节）、黑龙江省农垦科学院宋伟红（编写第七章)、黑龙江普惠特产有限公司徐馨（编写第十章)、哈尔滨博蒙生物科技有限公司郭喜明（编写第六章第二节)。

在本教材编写过程中，编写组查阅和参考了大量资料，采用了一些新技术，听取吸收了基层一线工作者和审稿工作者的宝贵意见，在此一并表示诚挚感谢！尽管我们力求完美，但因编者水平有限，书中难免有疏漏和不妥之处，敬请广大读者朋友提出宝贵意见。

编 者

2021年2月

Contents 目录

绪　论

鹿是反刍哺乳动物，属哺乳纲、偶蹄目、有角亚目、鹿科，目前世界上现存鹿50多种，都起源于同一祖先的种和亚种。中国有9属17种，包括水鹿（黑鹿）、白唇鹿、马鹿、泽鹿（坡鹿）、麋鹿属的麋鹿、狍属的狍、驼鹿属的驼鹿和驯鹿属的驯鹿。目前，饲养规模最大的是梅花鹿，约有50万只。

梅花鹿属鹿亚科、鹿属，与马鹿共为《中华人民共和国药典》（以下简称《中国药典》）所承认的鹿种。梅花鹿分为6个亚种，东北亚种、华南亚种、四川亚种、山西亚种、台湾亚种、河北亚种。现在各地饲养的多数是东北亚种。

梅花鹿属于国家一级保护动物，具有极高的药用、经济、观赏、文化与生态价值，逐渐被人类驯养繁殖，现已成为中国驯养繁殖的主要经济动物之一，2017年7月1日，《中华人民共和国野生动物保护法》将人工驯养梅花鹿列入《人工繁育国家重点保护陆生野生动物名录》。

一、鹿的重要价值

（一）药用价值

《本草纲目》《神农本草经》《中医百科全书》记载鹿全身药用部位达28个之多，主要有鹿茸、鹿角、鹿花盘、鹿皮、鹿肉、鹿肝、鹿茸血、鹿血、鹿心、鹿鞭、鹿肾、鹿脑、鹿尾、鹿骨、鹿筋、鹿胎盘、鹿精、鹿脂、鹿眼腺、鹿髓等，传统的鹿产品有鹿茸茶、鹿角胶、鹿胎膏等多达44种。《中国药典》将梅花鹿鹿茸、鹿角、鹿胎、鹿骨4种鹿产品作为药材。目前，在药用上，被广泛应用的是鹿茸、鹿花盘、鹿胎、鹿心血。

鹿茸，具有生精补髓、养血益阳、强筋健骨、益气强志之功效。用于虚劳羸瘦、肾虚眩晕、耳鸣目暗、腰膝酸软、阳痿滑精、子宫虚冷、崩漏带下、神经衰弱和失眠健忘等症。现代医学证实：鹿茸具有增强机体免疫，调节内分泌，促进生理活动的作用。在改善心脑血管、促进神经恢复、提高性机能、加速伤口愈合、治疗溃疡、改善亚健康、预防肿瘤和治疗股骨头坏死等方面有药用保健功效。

鹿花盘，具有行血、消肿、散结、益肾、补钙、强筋、催乳之功效。用于肾阳不足、胃寒肢冷、阳痿遗精、腰酸脚软、筋骨疼痛、虚劳内伤、疮疡崩漏、乳汁不下等症。对乳腺炎、乳腺增生、咽炎、骨质疏松有特效。在乳腺癌、子宫肌瘤、风湿、哮喘、骨质增生等方面有保健功效。

鹿胎，具有益气养血，调经养颜，祛瘀生新，解诸毒之功效。用于肾气不足、月经不调、宫寒不孕、失眠多梦、痛经腹坠等症。现代医学证实：鹿胎可有效激发卵巢细胞活性，维持雌激素平衡状态，调节内分泌，增强机体免疫。在散寒暖宫、改善睡眠、止带防癍、祛痘养颜、推迟更年期方面有保健功效。

鹿心血，具有补气、和血、安神、益精、解痘毒之功效。用于气血两亏、心悸失眠、肺萎吐血、崩中带下等症。现代医学证实：鹿心血含有人体必需却无法合成的多种营养物质，具有调节心肌功能、修复神经损伤、促进创伤愈合、提高机体免疫、促进新陈代谢、抗疲延衰等功效。对风湿性心脏病、心绞痛、冠心病、营养性贫血、神经性衰弱、风湿及类风湿关节痛等症有保健疗效。

另外，鹿尾、鹿心和鹿脂等其他副产品价值都很高并具医疗保健作用，正在被开发利用。现代药理学证实，鹿茸及其副产品具有以下药理作用：增强免疫功能、抗氧化、抗肿瘤、消炎、治疗溃疡、抗应激、抗心肌缺氧、修复神经系统、促进蛋白质和核酸合成、促进糖酵解等。用鹿产品开发的药品、保健品有安神补脑液、鹿心血胶囊和鹿龟胶等。随着现代中医药的发展和药理学的深入研究，梅花鹿作为一种珍贵的药用动物，其药用保健作用将有更高的开发应用价值。

（二）经济价值

鹿经济价值较其他畜禽高。畜禽生产一般以肉蛋奶为主，产品比较单一，而鹿全身都是宝，主产品鹿茸及副产品鹿心、鹿鞭和鹿尾等都是保健佳品，利润很高。鹿肉也将成为重要的肉食来源之一，可综合开发，利用空间大。杂交鹿屠宰率64.1%（牛55.4%，绵羊47.1%），净肉率53.4%（牛45.6%，绵羊38.27%），均比牛和绵羊高。鹿肉含蛋白质17%，含脂肪6.7%，蛋白质中氨基酸总量88.9%，胆固醇含量比牛肉低30.9%，味道鲜美，容易消化，是具有滋补作用的肉类。另据Bruce Mackey报道，澳大利亚养鹿收入是绵羊的4倍，牛的2倍，鹿肉的价格也高于牛羊肉。美国生产的鹿肉比同等牛肉价格高50%左右，说明养鹿能获得较高的收益。

鹿介于家畜与野生动物之间，天性爱清洁，大部分饲养在生态环境好的地方，采食鲜嫩的食物，生产出的产品野味强，营养价值高，药物残留低，有发展

"绿色食品"和"有机食品"的明显优势，产品符合保健、绿色食品要求，产品附加值高，有较高的经济价值。

鹿体态优美，可作为观赏动物，其养殖可与生态旅游业结合起来，符合养生、休闲、旅游相结合的休闲农业发展的需求，主副产品的精深加工又可增值增效，产业链条延伸性强，后续经济效益明显。

（三）生态价值

养鹿较养家畜更具生态性。随着人们生活水平的提高和保护生态环境观念的增强，生态畜牧业作为一种新型畜牧业在各国均被大力提倡。生态畜牧业以污染小、节粮、产品绿色、生态和谐为主要衡量指标。与羊、马相比，鹿不啃食树皮，不易破坏植被；较牛、猪、鸡排泄物少，气味小，鹿的粪便发酵处理后可作特种植物的高效有机肥，环境污染小；较牛、马、羊食性广，枝条、树叶、树木果食都是很好的饲料来源，不与人争粮，且肉营养丰富，符合绿色食品要求。

养鹿业有利于森林资源的保护与合理利用。生态系统中，植物、动物、微生物等生态因子是相互依存和相互作用的，呈现生态链关系，彼此循环往复。鹿属森林动物，是森林生态系统中的一个因子，它采食植物，通过新陈代谢，排泄物进入地表，然后通过微生物作用转化成腐殖质为地表植被提供氮磷钾等养料，形成一个生态微循环，周而复始。因此，从生态保护与利用角度来看，适合发展林下养鹿，具有生态价值。

鹿属反刍草食性动物，消化能力强，食性十分广杂，可饲喂的植物达700余种。牛、羊不愿意或不能采食的各种阔树枝叶，它都喜欢采食。另外，在不超过载畜量的情况下，通过围栏放养，既能有效利用森林丰富、廉价的植物资源，又可代替人工清林，同时也发展了林下产业，一举两得，生态效益明显。

总的来说，鹿全身是宝，具有极高的药用、经济和生态价值，经过多年的驯化饲养，现已从野生动物转变为特种经济动物，养殖效益巨大。

二、世界鹿业现状

随着鹿科动物利用价值不断被人类发现和认识，养鹿业也在世界范围内兴起，在许多国家已具一定规模。随着鹿的饲养越来越普遍，数量越来越多和驯化程度越来越高，目前养鹿业正从野生动物饲养逐步向家畜化饲养方向迈进，鹿产品的贸易也正在走向国际化。

鹿科动物的分布遍及世界各大洲，但由于自然环境、目标市场和社会经济等因素的差异和影响，使得鹿科动物在世界上的驯养数量、种类和分布等呈现一定的区域性和发展的不均衡性。目前，世界上人工驯养的鹿有10余种，主要是马鹿、黇鹿、梅花鹿、白唇鹿、麋鹿、驼鹿、水鹿、鬣鹿、斑鹿、白尾鹿等，世界鹿科动物的饲养量近700万只，主要饲养国家是新西兰、中国、美国、加拿大。新西兰主要饲养马鹿、黇鹿；中国主要饲养马鹿、梅花鹿与水鹿；美国主要饲养驯鹿、马鹿、黇鹿、斑鹿；加拿大主要饲养马鹿、驯鹿、北美马鹿、黇鹿、白尾鹿。瑞典、芬兰、丹麦、德国、日本、朝鲜、马来西亚等国家的养鹿业也正在兴起。

当前，养鹿生产主要目的是产茸与产肉，国际鹿产品贸易主要是鹿肉和鹿茸的贸易。世界上鹿产品生产与消费市场具有明显的区域性，主要集中在北欧、东亚、北美的大约15个国家。鹿肉生产主要在北欧、北美等国家和地区，主要是驯鹿、黇鹿、赤鹿；鹿茸生产主要在新西兰、俄罗斯、中国、韩国等国家，主要是梅花鹿、马鹿、赤鹿产的茸。国际鹿茸市场贸易相对比鹿肉贸易要广泛一些。随着人们物质文化消费需求的改变，养鹿生产也逐步向观赏、狩猎、文化、生态和保健等多元方向发展。

三、中国鹿业现状

中国是一个有着悠久茸鹿养殖历史的国家，商代皇家鹿苑，清代的围猎场，大都是供皇家贵族享用，真正的以商品进行贸易的是中华人民共和国成立以后开始的。中华人民共和国成立以后为了出口创汇，在全国各地建立了国营鹿场，经过半个多世纪的发展，中国茸鹿养殖已遍布全国各省份，养鹿业从小到大，从弱到强，从局部到全面得到快速发展。目前，中国人工驯养的鹿主要有梅花鹿、马鹿与水鹿。梅花鹿主要分布在吉林、辽宁、黑龙江、内蒙古、河北、北京和天津等地，马鹿主要分布在新疆、内蒙古、黑龙江与辽宁地区。目前，总存栏量约85万只，梅花鹿存栏量在80万只左右，马鹿存栏量约5万只。

尽管中国茸鹿养殖历史悠久，养殖规模仅次于新西兰和俄罗斯，位居世界第三，在人工驯养、良种培育、产品加工和新技术研发等方面对世界鹿业发展做出过重要贡献，但生产单一，仍以产茸为主；政策层面相对于家畜来说仍显滞后；养殖品种混杂，鹿的生产性能没能发挥出来；饲养水平参差不齐，标准化程度低；鹿茸收茸标准未能与国际接轨；疫病防控体系不健全，处于无序状态；产品品种单一，精深加工技术应用少；技术推广应用滞后，机械化程度偏低；档案管理普遍欠缺，与世界养鹿发达国家相比仍然存在一定差距。

就人工繁育而言，中华人民共和国成立以来，广大科技工作者审定或培育了一些新品种，成功研究了一些新技术。目前，通过农业农村部审定备案的鹿品种

（系）有3个地方品种、11个培育品种（系）。在人工繁育技术上，中国在人工授精技术、胚胎移植技术、性别控制技术、同期发情技术、杂交改良技术、B超早期妊娠诊断技术，以及相关的精液冷冻、精液采集、超数排卵等配套技术上已进行了深入研究，许多技术都达到国际先进水平。尽管这些新品种和新技术的推广及应用，使中国鹿茸单产水平得到大幅度提高，但远落后于新西兰、澳大利亚、美国、加拿大等国家。2004—2011年，中国鹿业一度走低。2012年后，鹿业发展逐渐回暖，发展势头向好。

随着茸鹿养殖的集约化、规模化和市场的全球化，今后鹿业发展趋势必然是“从波动型向平稳型过渡，从数量型向质量效益型转变，从粗放型向集约型发展，从贵族消费向大众消费趋向”。中国鹿业要走出低谷，就必须转变经营思路，科技创新。

随着中国经济与世界经济的接轨，鹿产品市场需求的扩大，靠炒种、鹿茸高回报和市场差价盈利的时代已不复存在。中国鹿业要从根本上增强竞争能力，改变单一生产方式，多元经营，从产量和质量上赢得发展，这是中国鹿业未来发展的趋势。

Chapter 1 第一章 鹿科动物的分布和主要的茸鹿品种

第一节 中国鹿科动物的分布

中国是鹿资源最丰富的国家，鹿在我国曾经有极广泛的分布。但由于人类活动的不断扩张，野生鹿科动物的数量已越来越少，分布范围也越来越小。

鹿科动物是我国有蹄类动物最大的一科。其中，麂属的大部分种类，以及獐、毛冠鹿、麋鹿、白唇鹿等均是中国特有或主要分布在我国境内的种类。

獐亚科是小型鹿科动物，是唯一雌雄均没有角的鹿。獐属仅獐一种，主要分布在我国长江流域和江南各地，而朝鲜北部及邻近的我国辽宁边境地区也有分布。

麂亚科是小型鹿科动物，有小型的角，同时也有獠牙，角内弯，不分叉或仅分一小叉。现存的麂亚科仅有 2 属，分布在长江流域和江南各地。毛冠鹿属仅毛冠鹿一种，除了可见于缅甸北部外，基本为我国南部特产。麂属种类略多，近年还有新种被发现，其中黑麂和黄麂等为我国特产。

鹿亚科是中、大型鹿科动物，雄性有分叉的角，雌性无角（驯鹿除外），幼鹿身上多有花斑，有些种类花斑在成年后消失，有些种类则终生保留。现存的鹿亚科仅有 3 属。麋鹿属仅麋鹿一种，分布于华中、华北，为我国特产，野生的早已灭绝。斑鹿属仅豚鹿一种，分布于我国云南南部，目前可能在我国境内已经消失，在国外分布于南亚和东南亚。鹿属是鹿亚科最大的一属，其中梅花鹿广泛分布于全国各地；水鹿分布在华南、西南；坡鹿仅分布在海南岛；马鹿分布在东北、西北；白唇鹿分布在青海、四川、西藏接壤处的高原地带。鹿属中我国最著名的是梅花鹿和白唇鹿，现在野生的梅花鹿非常少；白唇鹿是我国青藏高原的特产，也是世界上唯一的高原鹿科动物，非常珍贵。

空齿鹿亚科是非常多样化的一个类群，成员差异较大。我国驼鹿属仅驼鹿一种，是现存体型最大的鹿，驯鹿属一种，是唯一雌雄均有角的鹿。驼鹿和驯鹿在我国均仅见于东北部分地区，数量少，其中驯鹿为半野生。狍属仅狍一种，广泛分布于全国各地。

第二节　中国主要的茸鹿品种

近十几年来，中国茸鹿育种取得了巨大成绩，对改良低产茸鹿，促进我国养鹿业发展起到了巨大作用。目前，通过农业农村部审定备案的鹿品种（系）有3个地方品种、11个培育品种（系）、1个品系。地方品种是吉林梅花鹿、东北马鹿、敖鲁古雅驯鹿；梅花鹿的培育品种（系）为双阳梅花鹿、西丰梅花鹿、敖东梅花鹿、兴凯湖梅花鹿、东大梅花鹿与长白山梅花鹿（品系）、四平梅花鹿、东丰梅花鹿；马鹿的培育品种有清原马鹿、塔河马鹿与伊河马鹿（也称天山马鹿）；水鹿的培育品种为：琼中水鹿。其中，梅花鹿以吉林双阳梅花鹿和辽宁西丰梅花鹿最闻名，马鹿以新疆的伊河马鹿和塔河马鹿著称于海内外。

一、梅花鹿主要育成品种（系）

在我国，梅花鹿主要分布于东北、华北、华南、华东及西南等地，以东北地区分布最多。我国境内的梅花鹿可划分为以下6个亚种：东北亚种、华南亚种、四川亚种、台湾亚种、山西亚种、河北亚种。目前驯养的梅花鹿多为东北梅花鹿亚种的后裔。

（一）双阳梅花鹿

由于吉林省地域的隔离，生态条件的差异，梅花鹿在生理解剖、生产性能方面各有不同的特点，据此又将其分为5个类型群，它们是双阳梅花鹿、东丰梅花鹿、伊通梅花鹿、龙潭山梅花鹿和抚松型梅花鹿。双阳梅花鹿品种是以双阳型梅花鹿为基础采用大群闭锁的育种方法，历经23年培育出的世界上第1个茸用梅花鹿品种。

1. 体质外貌特征　双阳梅花鹿体型较大，成年公鹿体高101～111厘米，体长103～113厘米，公鹿平均体重138千克，其头躯为长方形，四肢较短，全身结构紧凑结实，头呈楔形，额宽平；成年母鹿体高88～94厘米，体长94～100厘米，体成熟时体重68～81千克，母鹿头颈清秀，腹围较大，后躯发达，乳房较大。公母鹿夏毛为棕红色或棕黄色，梅花斑点大而稀疏，背线不明显，腹下和四肢内侧被毛较长，呈灰白色。冬毛密而长，呈灰褐色，梅花斑点隐约可见。

2. 产茸性能　双阳梅花鹿茸大而粗，眉枝特别长，茸顶肥大而粗嫩，高产且茸型优美。1～10锯公鹿鲜茸平均单产为2.9千克（最高单产15千克），鲜茸重3千克及其以上的公鹿占58.2%，鹿茸优质率为60%以上。

3. 繁殖性能 双阳梅花鹿，育成母鹿受胎率达84%，繁殖成活率为71%。成年母鹿受胎率为91%，繁殖成活率为82%。双胎率为2%～3%。

4. 遗传性能 双阳梅花鹿遗传稳定，3锯3杈茸鲜重遗传力为0.53，重复力为0.67。

如双阳梅花鹿公鹿与东辽县母鹿杂交，受胎率在90%以上。在东辽鹿场6只双阳种公鹿后裔3岁全部长成大3杈茸，比该场同龄公鹿大3杈率高24.4%，产茸量高62%。

（二）西丰梅花鹿

西丰梅花鹿品种的培育始于1974年，于1995年通过品种鉴定，成品茸平均单产达1.25千克。现主要分布于辽宁省西丰县境内，已被引种到全国各地。

1. 体质外貌特征 体型中等，体躯较短。成年公鹿体高98～108厘米，体长102～109厘米，体重110～130千克。有肩峰，胸围和腹围大，四肢较短而粗壮。方头额宽，眼大。角基距宽，茸主干和嘴头粗长肥大，眉枝较细短，眉二间距很大。体成熟母鹿体高81～91厘米，体长87～95厘米，体重65～81千克。

2. 产茸性能 1～10锯及其以上公鹿鲜茸平均单产3.06千克，产茸最佳年龄为10岁。茸主干长44～52厘米，眉枝长21～27厘米，嘴头长15～17厘米，嘴头围16～18厘米。茸优质率71%，畸形茸率7.6%。上锯公鹿鲜茸重达3.0千克以上的占70.9%；头锯鹿锯3杈率为85.2%。

3. 繁殖性能 经产母鹿繁殖成活率为70%～78%，其仔鹿初生重为（6.3±0.8）千克（公）和（5.8±0.7）千克（母）。

4. 遗传性能 具有优质高产、遗传性能稳定、杂交改良效果明显、适应性强、耐粗饲、南北方均可饲养，以及抗病力较强等特点。

（三）敖东梅花鹿

敖东梅花鹿品种的培育始于1970年，于2001年通过品种鉴定。

1. 体质外貌特征 体型中等、体质结实，四肢较短，无脊峰。成年公鹿体重为110～135千克，体长为95～115厘米；成年母鹿体重为60～80千克，体长为85～105厘米。公鹿颈短粗，胸宽而深，腹围较大，背腰平直，臀丰满，蹄坚实，尾长中等，头方正，额宽平，耳大适中，眼大无眼圈，茸粗细上下匀称，嘴头较肥大，弯曲较小，细毛红地。

2. 产茸性能 鲜茸平均单产3.34千克，成品茸平均单产1.21千克。

3. 繁殖性能 年产 1 胎，性成熟期约为 1.5 岁，母鹿繁殖成活率在 80% 以上。

4. 遗传性能 茸重性状的遗传力为 0.357，重复力为 0.58。

（四）兴凯湖梅花鹿

兴凯湖梅花鹿源于 20 世纪 50 年代苏联赠送给我国的乌苏里梅花鹿，其品种选育始于 1976 年，经 4 个世代的连续系统选育，于 2003 年 12 月通过品种鉴定，2004 年 4 月 28 日被农业部确定为畜禽新品种，成为我国人工育成的又一优质梅花鹿品种，现存栏量 2 000 余只。鲜茸平均单产 2.644 千克，成品茸平均单产 0.942 千克，优质率达 71%。

1. 体质外貌特征 属于大型鹿种，成年公鹿体重 120～140 千克，体长 95～115 厘米；成年母鹿体重 75～95 千克，体长 85～105 厘米。体质结实，体躯粗、圆，全身结构紧凑，头较长，额平宽，角基距较短，四肢较粗长、强健、蹄坚实，茸根较细、茸上冲、主干粗、圆短，嘴呈元宝形，夏毛背部和体侧呈棕红色，尾背面呈黑色，黄尾尖。茸色为细毛红地。

2. 产茸性能 鹿茸主干粗长，枝头肥大松嫩。成年公鹿鲜茸平均单产 2.644 千克，成品茸 0.942 千克以上，最高产量达 5 千克以上，生产利用年限可达 15 年。

3. 繁殖性能 育成母鹿 16 月龄参加配种，母鹿繁殖成活率达 83%以上。

4. 遗传性能 具有高产的产茸性状和繁殖性状遗传稳定性强的生物学特性。

（五）东大梅花鹿

东大梅花鹿是由长春市东大鹿业有限公司、中国农业科学院特产研究所等单位以吉林梅花鹿为育种素材，历经 26 年，通过高强度选育而成的优良梅花鹿品种，2019 年 4 月通过品种鉴定。东大梅花鹿具有鹿茸高产、上冲、肥嫩、早熟，生产利用年限长、遗传性能稳定等优良特性。

1. 体质外貌特征 体型中等偏小，体质紧凑、结实。公鹿额宽平、头稍短、颈短粗、高鼻梁，目光温和，胸宽深，腹围大，背腰平直。角柄端正，鹿茸上冲、肥嫩，角基小，茸主干长、圆，眉枝短粗，弯曲较小，茸皮为多为杏黄色。母鹿额宽，胸深，腹围大，臀宽。夏毛多呈无背线的棕红色，斑点分布较均匀，臀斑明显，喉斑呈灰白色。冬毛呈灰褐色。公鹿初生重为（5.4±0.3）千克、体长为（37.8±2.1）厘米、体高为（51.9±1.9）厘米；母鹿初生重为（5.0±0.3）千克、体长为（36.5±1.4）厘米、体高为（50.5±1.9）厘米。成年公鹿体重为（113.2±7.6）千克、体长为（107.1±7.6）厘米、体高为（100.8±4.5）厘米；

成年母鹿体重为（74.4±4.1）千克、体长为（86.8±4.3）厘米、体高为（78.9±5.1）厘米。

2. 产茸性能 二杠鲜茸平均单产为2.75千克，三杈鲜茸平均单产为4.0千克；七、八锯三杈鲜茸平均单产为4.65千克；成品茸三杈单重为1.33千克；鲜干比为3.0∶1。三杈鲜茸主干长为（53.3±4.8）厘米，主干围为（15.4±3.2）厘米，眉枝长为（24.4±1.6）厘米，嘴头长为（14.6±2.2）厘米，嘴头围为（20.3±1.7）厘米。生产利用年限为13.2年。

3. 繁殖性能 母鹿性成熟为16～18月龄；受胎率为95%；仔鹿成活率为94%；繁殖成活率为86.6%；双胎率为2%～3%；生产利用年限为10.2年。公鹿种用年限为9年。

4. 遗传性能 东大梅花鹿茸重遗传力较高，属于高等遗传力，为0.53。

（六）长白山梅花鹿品系

长白山梅花鹿品系是由中国农业科学院特产研究所和通化县第一鹿场等单位在抚松型梅花鹿基础上采用个体表型选择，单公群母配种和闭锁育种等方法，经18年培育而成的茸用梅花鹿品系，俗称“繁荣梅花鹿”。

1. 体质外貌特征 体型中等，体躯矮粗。成年公鹿体高为95～117厘米，体长为95～115厘米，体重约134千克。行为安静，目光温和，体质结实。颈短粗，四肢粗壮端正、胸宽深、腹围大。方头，角基距较宽，茸主干呈圆形、上冲，嘴头肥大。母鹿体高为79～95厘米，体长为81～101厘米，1～4岁的体重平均为80千克。性情温驯，体躯较长，腹围、后躯和乳房明显较大。夏季被毛呈淡橘红色，无背线，冬毛呈灰褐色。

2. 产茸性能 鹿茸主干圆，上粗下细，不弯曲，嘴头肥大，眉枝长、弯曲小。成品茸单产达1.232千克，1～15锯公鹿头茬鲜茸单产达3.166千克。产茸最佳年龄为10岁。长白山梅花鹿三杈茸优质率为55.9%～58.2%，二杠茸优质率为100%，畸形率占15.0%。

3. 繁殖性能 母鹿受胎率为93%，仔鹿成活率为86%，繁殖成活率为81.73%～84.09%。

4. 遗传性能 三杈茸重遗传力为0.36，重复力为0.64。原产地调出的公鹿三杈茸单产稳定在1.05～1.11千克，高于全国鹿茸平均单产的50%～57%。

二、马鹿主要品种

马鹿是仅次于驼鹿的大型鹿科动物，共有10个亚种，因为体型似骏马而得名，身体呈深褐色，背部及两侧有一些白色斑点。雄性有角，一般分为6杈，最多8杈，茸角的第二杈紧靠于眉杈。夏毛较短，没有绒毛，一般为赤褐色，背面较深，腹面较浅，故有“赤鹿”之称。

（一）东北马鹿

1. 地理分布 野生种源主要分布在长白山脉、完达山麓及大、小兴安岭地区，以内蒙古和黑龙江分布较多。

2. 体质外貌特征 东北马鹿属大型茸用鹿，成年公鹿肩高为130～140厘米，体长为135～145厘米，体重为230～320千克；成年母鹿肩高为115～130厘米，体长为118～132厘米，体重为110～135千克。头较大，呈楔形，眶下腺发达，泪窝明显。四肢较长，后肢更健壮，有较强的奔跑能力。东北马鹿夏毛为红棕色或栗色，冬毛厚密呈灰褐色，腹部及股内侧为白色。臀斑大，呈浅黄色，尾毛较短，其毛色同臀斑。颈部鬣毛较长，冬季髯毛黑长。初生仔鹿体躯两侧有明显的白色斑花，待换冬毛时斑花消失。东北马鹿茸角的分生点较低，为双门桩（单门桩率很低），眉枝、冰枝的间距很近，主干和眉枝较短，茸质较瓷实，茸毛为黑褐色。成角最多可分5～6杈。

3. 产茸性能 东北马鹿的产茸性能较天山马鹿差，9～10月龄公鹿开始生长初角茸，一般鲜茸平均单产0.7千克；成年公鹿1～10锯平均单产三杈鲜茸3.2千克左右。东北马鹿茸的支头较瘦小，因此茸质不如伊河马鹿。

4. 繁殖性能 16月龄的母鹿可以发情受孕，但都在28月龄开始配种，受胎率在65%左右，繁殖成活率维持在47%左右，双胎率不超过1%。

（二）伊河马鹿

该品种主要产于我国新疆的昭苏、特克斯和察布查尔等地，当地称为青皮马鹿。也产于哈密市的伊吾、巴里坤草原和木垒等地，俗称黄眼鹿。

1. 地理分布 驯养的伊河马鹿分布于全国5个以上的省区，以北疆最多。此外，辽宁省的饲养数量也较多。

2. 体质外貌特征 该品种体型大，成年公鹿体高为130～140厘米，体长为130～150厘米，体重为240～330千克；母鹿体高为115～130厘米，体长为120～140厘米，体重为160～200千克。体粗壮，头大额宽，四肢强健。夏毛呈深灰色，臀斑呈棱状，白色或浅黄色。冬毛呈灰褐色，颈部有长而粗密的鬣毛和髯毛，头、颈和四肢的被毛呈深灰色，眼圈呈浅黄色。茸毛呈灰黑色或灰白色，伊河马鹿成角多为7～8杈，茸角的主干、眉枝、嘴头粗长，常见到一些铲形或掌状的四杈茸。

3. 产茸性能 产茸佳期为 4～14 锯。1～10 锯天山马鹿的三杈鲜茸平均单产 5.3 千克左右，部分壮龄鹿能生产鲜重 12.5～16.5 千克的四杈茸和 3.0～5.5 千克的三杈再生茸。

4. 繁殖性能 一般到 28 月龄时性成熟，繁殖成活率为 50%～60%，高者达 82.6%。

（三）塔里木马鹿

塔里木马鹿品种是在新疆巴音郭楞蒙古自治州境内的新疆生产建设兵团从 1959 年捕捉野生塔里木马鹿仔鹿驯养开始，采用本品种选育方式，在保持塔里木马鹿的基本特性和优良性状的前提下，以提高其产茸量为主攻方向，实行个体表型选择，等级选配，小群单公群母一配到底，闭锁育种的方法培育出的高产马鹿新品种，到 1996 年达 1 万只，并于 1996 年 10 月通过品种鉴定。为我国选育成功的第 1 个马鹿品种。

该品种马鹿俗称草湖鹿，塔里木马鹿当地又称为塔河马鹿，俗称白臀灰鹿，东北地区称之为南疆马鹿或南疆小白鹿。以往曾定名为叶尔羌马鹿。

1. 地区分布 主要分布在新疆库尔勒。在品种选育期间，引到东北几省和湖北、上海、陕西等省份。

2. 生活习性 塔里木马鹿对塔里木盆地的荒漠区具有独特的适应性，即特别耐酷热、干旱、大风、高盐碱，喜喝矿化度高的咸水，食性广。塔里木河沿岸绿色走廊中的原始胡杨林、次生胡杨林及灌木丛和草地是野生塔里木马鹿的主要栖息地。

驯养几代后的妊娠母鹿，一般性情温驯，活动谨慎。冬季喜舐冰雪。夏季喜欢水浴或泥浴。它们至今仍保留着祖先胆小易惊、哺乳母鹿对仔鹿赶肛的习性。

3. 体质外貌特征 体型中等，体躯较短。成年公鹿体高为 116～138 厘米，体长为 118～138 厘米，公鹿初生重为（10.25±1.3）千克，体成熟公鹿体重为（256±24）千克。成年母鹿体高为 108～125 厘米，体长为 112～132 厘米，母鹿初生重为（9.9±0.9）千克，体成熟母鹿体重为（208±13）千克。塔里木马鹿体型紧凑结实，喜昂头，肩峰明显，头清秀，鼻梁微突，眼大机警，眼虹膜黑色，耳尖。公鹿角多为 5～6 杈，角基距窄，茸主干粗圆，嘴头肥大饱满，眉枝、冰枝间距较近，茸型规整，单门桩率很低，茸毛灰白色而密长。全身毛色较为一致。夏毛呈沙褐色，冬毛呈沙灰色或灰白色，臀斑呈灰白色，周围绕有明显的黑带。有黑褐色背线。

4. 产茸性能 1～13岁公鹿鲜茸平均单产为6.56千克。上锯公鹿成品茸平均单产为2.57千克。6～11岁为产茸最佳年龄。1～10锯鹿的三杈茸平均生长（66±3）天，日增鲜重（80±23）克；5～9锯鹿的平均日增长度为（0.88±0.05）厘米。种公鹿鲜茸平均单产最高达12.61千克。

5. 繁殖性能 繁殖力很强。15个月龄进入初情期。生产利用年龄为3～14岁，个别母鹿可达17岁。妊娠期（246±6）天。可繁殖母鹿的产仔率（本年内产仔数/年初能繁殖的母鹿数×100%）达88.4%，其仔鹿成活率为83.9%，繁殖成活率为74.2%。

6. 育种价值 在产地作为纯繁育种的价值很高。引种到外地后，由于适应性差、抗病力弱、对不良环境条件的应激反应较敏感，纯繁的意义不大。但若与东北梅花鹿杂交，获得的一代杂种鹿比东北梅花鹿的净效益高得多，具有明显的杂种优势。

Chapter 2 第二章

鹿的生理特点及生物学特性

第一节 鹿的生理特点

一、消化生理特点

鹿在新陈代谢过程中，不断从外界摄取养分，用以氧化供能维持机体需要。鹿是反刍动物，以采食嫩树枝叶和各种草本植物为主，饲料中的蛋白质、脂肪、碳水化合物等营养物质都是大分子物质，结构复杂，不能直接被机体吸收利用，必须在消化道内经过一系列消化过程分解为小分子物质，才能被吸收利用。

根据饲料经过消化道的部位不同，把整个消化过程分为口腔消化、胃消化和肠消化 3 个阶段。

（一）口腔消化

1. 采食与饮水 鹿的采食速度很快，这种习性是在野生状态下形成的，家养条件下仍保持这种特性。鹿用于采食和饮水的时间，仅占一天时间的 10%。

对饲料的选择性也比较强。鹿舌发达，舌面上乳突呈刺状，对采食和饮水起重要作用。通常情况下，鹿靠舌与唇和门齿的协同动作将饲料卷入口中，并借助于齿间的挤压作用和头部的牵引动作把饲料切断或拉断。

2. 咀嚼 鹿采食时对饲料的咀嚼很不充分。咀嚼次数与饲料性质有关，采食干粗饲料时咀嚼次数多，采食多汁和精饲料时，咀嚼次数少。饲料在咀嚼过程中被磨碎并混入大量唾液，形成湿润的食团吞咽入瘤胃。鹿的唾液呈碱性，其内含有一定量的消化酶，对饲料进一步消化有重要意义。同时，唾液还可中和瘤胃内微生物发酵产生的过量的酸。

3. 反刍 鹿一般在采食后 1～1.5 小时出现反刍现象，反刍时采取俯卧或站立姿势。由于鹿采食时咀嚼很不充分，因此反刍时间较长，一般每天需 6～7 小时，每次 30～40 分钟。反刍时间的长短和再咀嚼次数的多少，与饲料的性质和鹿的年龄等因素有关。采食粗硬饲料时，反刍开始得晚，再咀嚼次数多，每次反刍持续时间长；采食嫩绿多汁饲料，反刍开始得早，再咀嚼次数少，反刍的时间也短。幼龄鹿比老龄鹿咀嚼速度快，反刍时间短而频。不同鹿种的鹿的反刍时间差别不大。仔鹿一般在出生后 2 周左右即出现反刍现象。

反刍是鹿的一种正常生理机能，也是鹿健康的标志，消化道机能异常及患有其他严重疾病时，可引起反刍次数减少或停止。

4. 嗳气 饲料在瘤胃内发酵，产生大量甲烷和二氧化碳等气体，这些气体大部分是通过反刍和嗳气排出体外的。嗳气是一种反射性动作，当瘤胃内气体增多时，胃壁受到压迫，反射性引起食管扩张，瘤胃收缩，气体就会逆入食管，并经口腔排出体外。嗳气障碍时可引起瘤胃臌胀。健康鹿平均 1 小时嗳气 10～20 次。

（二）胃消化

1. 瘤胃内的消化 初生仔鹿瘤胃容积很小，仅占 4 个胃总容积的 23%，2 周龄时也只占 31%（成年鹿占 74%），里面没有微生物，以后随饲料、饮水或仔鹿与母鹿相互舔舐，微生物才进入瘤胃。仔鹿生后 2 周左右就能采食一些嫩草并开始反刍，说明这时瘤胃中已有一些微生物。

成年鹿的瘤胃容积较大，梅花鹿约 7 升，成年马鹿可达 25 升。鹿的瘤胃内存在着极其复杂的微生物群，分为细菌和纤毛虫两大类，约占胃液总体积的 3.6%，其中细菌和纤毛虫各占一半。这些微生物中含有分解糖类、蛋白质、纤维素的酶类，能分解这些营养物质，产生挥发性脂肪酸（VFA）、CO_2、CH_4 和 NH_3，并利用 NH_3 合成自身的微生物蛋白质供机体利用。

反刍动物瘤胃内容物中挥发性脂肪酸含量，以及各种挥发性脂肪酸所占比例，随饲料种类和动物生理状态的不同而发生很大变化。鹿瘤胃内容物的温度一般在 39℃左右，适于微生物的生存和繁殖。

2. 网胃内的消化 只有被瘤胃消化后的稀薄食糜才能进入网胃，在网胃内得到进一步消化。近年研究表明，网胃内微生物含量也较高，因此对饲料的消化有一定作用。

3. 瓣胃内的消化 瓣胃内的黏膜形成大小不一的瓣片，其表面密布乳头状突起。当食糜经过瓣胃时，粗糙的食物被留在瓣胃片间，在瓣胃的机械性作用下，被进一步磨碎，水分连同细小的食糜被挤入皱胃，因此瓣胃起着“滤过器”的作用。瓣胃内仍有一定数量的微生物，对消化其内容物也有一定作用。

4. 皱胃（真胃）内的消化 皱胃（真胃）是鹿分泌胃液的部分，胃液的分泌是连续的，其内主要成分是盐酸和胃蛋白酶。皱胃（真胃）消化蛋白质的过程同单胃动物，无论是在瘤胃中没有被降解的饲料蛋白质，还是瘤胃微生物蛋白，在胃蛋白酶的作用下都被分解成多肽。

仔鹿皱胃（真胃）中凝乳酶含量较多，而胃蛋白酶含量则较成年鹿少，新生仔鹿胃液中盐酸含量较少，因此胃屏障机能较弱，如果饲养管理不当，就容易发生各种胃肠疾病。随着年龄的增长，仔鹿皱胃（真胃）中分泌盐酸的机能逐渐完善。

（三）肠消化

1. 小肠内的消化 食糜从胃进入小肠后，立即受到消化液的化学作用和小肠运动的机械作用，大部分营养物质被消化成可吸收的状态，并在这里被吸收，只有不能被消化的和未经消化的食糜才进入大肠，因此小肠内的消化是消化过程中的重要阶段。

2. 大肠内的消化 与瘤胃相似，大肠内也含有大量微生物，因此大肠内的消化主要是生物学消化，而机械消化和化学消化则很弱。

大肠消化的主要是食糜残渣中的纤维素，鹿有15%～20%的纤维素是在大肠中被分解的。

大肠中的腐败菌还有分解营养物质、生成有害产物的作用，因此如果发生便秘，则有害物质在体内蓄积过多，吸收后易引起机体中毒。

食糜中的水分主要是在大肠前段被吸收的，随着水分的吸收，大肠内食物残渣不断浓缩形成粪，借助于大肠后段的蠕动经直肠排出体外。鹿粪呈椭圆形或近似圆形，呈褐绿色。一般每天排粪8～10次。梅花鹿公鹿每次排粪量为200～275克，母鹿每次排粪量为134～255克。

二、生殖生理特点

（一）公鹿生殖生理特点

公鹿的主要生殖器官有睾丸、输精管、精囊腺、前列腺、尿道球腺、阴茎等。睾丸是一对垂在阴囊内的腺体，具有生精作用、内分泌作用。

1. 睾丸的生精作用 公鹿性成熟后，睾丸开始产生成熟精子。因鹿是季节性发情动物，所以精子生成也是季节性的，在非繁殖季节睾丸活动减弱。

2. 睾丸的内分泌作用 睾丸的间质细胞能分泌雄激素和少量雌激素，作用最强的是睾丸酮，简称睾酮。

雄激素的主要作用是：促进副性器官（副性腺、输精管）生长发育并维持性成熟状态；刺激公鹿副性征出现——萌发角柄和生茸；维持正常性欲和性行为；促进蛋白质合成，使肌肉发育和骨骼生长。

（二）母鹿生殖生理特点

母鹿的生殖器官主要有卵巢、输卵管、子宫、子宫颈、阴道等。卵巢主要由表面的生殖上皮细胞和内部结缔组织构成的基架，以及基架内大小不等、发育程度不同的卵泡所构成。它的主要功能是生卵作用、内分泌作用。

1. 卵巢的生卵作用 卵子成熟并从卵巢排出是母鹿性成熟的重要标志。卵细胞起源于卵巢的生殖上皮，它的生成分为增殖、生长和成熟3个阶段。在增殖期内，卵巢上的生殖上皮产生的原始卵泡发育成初级卵母细胞，其中卵细胞周围的卵泡细胞由单层增殖为多层。初级卵母细胞继续发育，在数层的卵泡细胞中出现裂隙。此时，初级卵母细胞发育成的次级卵母细胞继续发育，裂隙逐渐结合成一个大的空腔——卵泡腔，腔内充满卵泡液，此时卵母细胞被挤向一侧，位于卵丘内。整个卵泡体积增大，紧贴卵泡腔的上皮细胞形成颗粒膜并分泌卵泡素。

在卵泡继续发育过程中，卵丘与颗粒膜联系越来越小，卵泡壁的一部分凸出卵巢表面，触摸时有波动感和弹性感，即为成熟卵泡。腔内的卵泡液继续增多，压力加大，再加上卵泡液中的蛋白质分解酶作用于卵泡壁使其变薄，卵泡破裂，卵子随同卵泡液被卵巢排出。

排卵后，破裂的卵泡壁收缩、下陷，充满血液形成红体，以后变成黄体。黄体存在的时间由是否受精而定。如卵子已受精，黄体就继续生长，这时称为妊娠黄体，直到妊娠末期才萎缩；如未受精，则黄体不久就萎缩退化。

2. 卵巢的内分泌作用 卵巢能分泌雌激素、孕激素。

（1）雌激素。主要由卵巢中的卵泡囊内层和黄体分泌，主要有雌二醇、雌酮、雌三醇等。雌二醇是由卵巢直接分泌的，活力最强，其他两种均是代谢产物。雌二醇的主要作用是促进母鹿的性器官发育和副性征出现；使子宫黏膜内腺体及血管增生，子宫变厚，并提高子宫平滑肌对催产素的敏感性，这对分娩有一定意义；提高输卵管和子宫平滑肌的收缩力及收缩频率，对精子和卵子运输有利；促进阴道上皮增生、角化及糖原含量增加，提高其抵抗力；促进乳腺导管的生长发育；促进母鹿出现发情行为；能抑制公鹿鹿茸生长。

（2）孕激素。由黄体和胎盘分泌，以黄体分泌的孕酮作用最强。孕激素的主要作用是在雌激素作用的基础上，进一步使子宫内膜增生，为受精卵着床做准备；降低子宫平滑肌对催产素的敏感性，减少子宫收缩、助孕和维持妊娠；大量孕激素能抑制黄体生成素的分泌，抑制在妊娠期排卵、受孕；促进乳腺发育成熟，与雌激素一起对母鹿性行为起作用。

三、基本生理指数

鹿的基本生理指数见表 2-1。

表 2-1 鹿的基本生理指数

项 目	梅花鹿	马 鹿	水 鹿
体温（℃）	38.2～39.0	38～39	38～39
脉搏（次/分）	40.0～78.0	50～70	45～65
呼吸数（次/分）	15～25	15～20	18～24

第二节 生物学特性

一、生活习性

鹿科动物具有爱清洁、喜安静、感觉敏锐、善于奔跑等特性，是在漫长的自然进化过程中形成的。鹿的种类不同，其生活习性也不尽一致，但它们都喜欢生活在疏林地带、林缘或林缘草地、高山草地、林草衔接地带。这里食物丰富，视野比较开阔，对迅速逃避敌害有利。

鹿喜欢在晨昏活动，活动范围不是很大。马鹿、梅花鹿有季节性游动的特性，春季多在向阳坡活动，夏季移往海拔高的山上，适于隐蔽和逃避蚊蝇骚扰，冬季又回到海拔低的河套或林间空地，在食物短缺时往往接近农田或村落。

梅花鹿、麋鹿、驼鹿及水鹿喜水。梅花鹿阴雨天活跃，驼鹿、麋鹿常在水中站立或水浴，大雨天放牧，鹿群安静并集中。马鹿、梅花鹿喜欢泥浴，尤其在配种季节，常在泥里打滚，这有助于降温和减少烦躁。

我国分布的鹿科动物大多在秋天配种。配种期雄性个体常进行激烈争斗，胜者与母鹿交配。马鹿、麋鹿公鹿在配种期发出吼叫声以吸引母鹿，而梅花鹿母鹿则发出“哀怨”的求偶声吸引公鹿。

初夏产仔，鹿妊娠期 230～250 天，多为单胎，偶有双胎，往往产于隐蔽处。仔鹿出生头几天喜睡，其身上的白斑如同落在枯草上的光斑，蜷在那里不易被敌害发现。母鹿母性很强，但产仔后并不在仔鹿身边守候，有时还能把敌害，如狼等引走。但能凭互相低沉细微的叫声定时哺乳，1 周左右仔鹿便能跟随母鹿奔跑。母鹿产仔后吃掉胎衣，且不会出现消化障碍。

二、草 食 性

食性是动物的重要生活习性。鹿科动物在食草动物中比较能广泛利用各种植物，不仅吃草本植物，而且还能吃木本植物，尤其喜食各种树的嫩枝、嫩叶、嫩皮、果实、种子，还吃蕈类、地衣苔藓，以及各种植物的花、果和菜蔬类。据对放牧鹿的观察，鹿能采食 400 多种植物，甚至还能采食一些有毒植物。这是由于鹿在进化过程中，形成了具备特殊理化特性和适于微生物共生的消化器官，适于广泛采食和分解这些植物性饲料。

鹿对食物的质量要求较高，采食植物饲料时具有选择性。选择的植物饲料的主要特点是鲜和嫩。各季节中萌发的嫩草和嫩枝是鹿采食的主要饲料，在食物相当匮乏时，才采食植物的茎秆及粗糙部分。在喂食干草时也只采食叶，很少采食粗糙的茎秆，所以有人认为鹿是精食性动物。野生鹿瘤胃内容物是其体重的4%～7%（J. A. Bailey，1984），低于家养鹿瘤胃内容物的重量。家养鹿饲喂秸秆、落叶等，因营养不足，而补饲大量精饲料，使脂肪沉积变得肥胖，所以体质与野鹿也有所不同。鹿喜盐，有的鹿还喜人尿，猎人常在地下埋盐，诱鹿舔食而对其进行猎捕。

三、群　　性

鹿科动物的重要生活习性之一是群居性和集群活动。这是在自然界生存竞争中形成的，有利于防御敌害、寻找食物。

鹿的群体大小，既取决于鹿的种类，也取决于环境条件。食物丰富，环境安静，群体相对大些；反之，则小。梅花鹿，夏季多数是母鹿带领仔鹿一起活动，一群几只或十几只。繁殖季节 1～2 只公鹿带领十几只母鹿和幼鹿，活动区域较为固定。当鹿群遇到敌害时，哨鹿高声鸣叫，尾毛炸开飞奔而去。炸开的尾毛如同白团，非常醒目，起信号作用。有人认为尾腺分泌外激素起信息作用。一鹿逃跑众鹿跟随，跟随的鹿带有一定的盲目性。猎人将哨鹿从崖上击毙，众鹿会随之跳崖而丧生。

家养鹿和放牧鹿仍然保留着集群活动的特点。一旦单独饲养和离群时则表现胆怯和不安。因此，放牧时如有鹿离群，不要穷追猛撵，可稍微等待，其便会自动回群。

四、可塑性

动物的可塑性是指动物在外界条件影响下改变原来的特性而形成新的特性。人们正是利用这种可塑性来改变动物某些不适于人类要求的特性，以便使动物更好地为人类的生产生活服务。

鹿的可塑性很大，利用可塑性可改造其野性。鹿的驯化放牧就是利用这一特性，通过食物引诱、各种音响异物反复刺激和呼唤等影响，使鹿建立良性条件反射，使见人惊恐的鹿达到听人驱赶、听人呼唤的目的。这种驯化工作，在幼年时进行比成年时进行效果好，如幼鹿经过人工哺育驯化，则与人共处，如同牛羊。这说明幼鹿比成鹿可塑性大。

在养鹿生产实践中，应当充分利用这一特性，加强对鹿的驯化调教，会给生产带来更多的方便。

五、防卫性

鹿在自然界生存竞争中是弱者，是肉食性动物的捕食对象，也是人类猎取的重要目标。它本身缺乏御敌的武器，逃避敌害的唯一方法是逃跑。所以鹿的奔跑速度快，跳跃能力强，而且听觉、视觉、嗅觉器官发达，反应灵敏，警觉性高，行动小心谨慎，一遇敌害纷纷逃遁。这是一种保护性反应，是防卫的表现，也就是人们常说的“野性”。

鹿在家养条件下，虽然经过多年驯化，但是这种野性并没有彻底根除，如见到生人、不熟悉的动物或景物，或听到突如其来的声音，会立即警觉起来，休息、反刍、采食、饮水、交配、产仔哺乳等各种活动立即停止，抬头竖耳，引颈注目，甚至一哄而起。发觉者或头鹿长吼报警，引起整个鹿群骚动，鹿只纷纷起立。当确认无危险时才慢慢安静下来。当认定是生疏情况时，哨鹿或头鹿连声呼叫，并边叫边用一前肢蹄跺地不止，此时往往臀斑和颈背被毛逆立，或泪窝开张，常长吼一声，急速回头返身逃窜，或用前蹄扒打（母）或用头顶撞（公），迎击来人和动物。产仔期的母鹿和配种期的种公鹿或王子鹿这些表现尤其突出。尤其是刚交配完的个别种公鹿，更凶狠地顶人，其野性暴露得更充分。有些母鹿产完仔之后扒打其他仔鹿，甚至攻击查圈、打耳号、称重测尺、治疗病鹿的工作人员，就连初生仔鹿打完耳号放回去之后，有的也会立即返身扒人，或猛扑圈门。产仔母鹿因受惊扰或异味而弃仔不管，尤以初产鹿为甚。各种鹿在圈舍或运动场中都有较固定的休息位置，某些圈养并进行放牧的母鹿临产前总是在一定时间离群跑到一定地点产仔，这些也都是野性的典型表现。

六、适 应 性

适应是生物适应环境条件而形成一定特性和性状的现象，即生物对环境的适应。鹿科动物的适应性很强，它们分布在世界各地，但特化程度高的鹿对环境条件敏感，适应范围很窄，难以适应人创造的环境条件。如我国的白唇鹿，仅适应北纬29.5°～35°，东经97.5°～105°的青海、甘肃、四川、云南、西藏的57个县（自治县）海拔3 000米以上的高原山地。而非特化种，适应性广，地理分布也广，能采食多种植物和利用各种隐蔽场所，对环境变化不敏感。如东北梅花鹿，原产于长白山区，现已引种到全国各地，都能适应当地的环境条件并能生存繁殖。狍的适应性更强，它们广泛分布在欧亚大陆。

但适应性对动物也造成一种限制——只在一种特定的或有限的环境生存繁殖，一旦被引种到不适应的环境中去，则很难生存。所谓风土驯化，就是要求外来种不仅能在新的地区正常生存、生长发育、繁殖，而且能保持原来的基本特征、特性和生产水平。这是提高适应性防止退化的一种方式。鹿的引种也应注意这一点。

七、繁殖的季节性

多数鹿的繁殖都有较明显的季节性，即在秋季9—11月发情交配，翌年5—6月产仔或7月产仔。公鹿的繁殖不仅有明显的季节性，而且年龄不同发情时间也有早有晚。

鹿科动物的体重同样具有明显的季节性变化，以梅花鹿为例，进入体成熟年龄（4岁）后，公鹿在每年的冬末春初体重最低，夏末秋初体重最高。母鹿则推迟1～2个月。公鹿体重最高值比最低值时高16%～20%，母鹿为12%～15%。无论公鹿还是母鹿，都是在饲料种类繁多的夏季，经过充分饲养后，即在体重增加，膘情达到最佳或较佳的秋季至秋末冬初时节，开始发情配种。而仔鹿则是在一年当中最好的季节——春末夏初时出生，经半个月之后能获得更好的饲料，而此时气候也最佳，待到秋季独立采食之后，又能获得各种各样的籽实，以保证幼龄期的生长发育。由此可见，鹿的繁殖和体重变化的明显季节性，是其在长期进化过程中对生存条件的一种最佳适应。

八、社会行为

主要包括群体行为、优势序列和嬉戏行为。优势序列是社会行为中的等级制度，它使某些个体通过争斗在群体中获得高位，在采食、休息、交配等方面优先。“王子鹿”就是优势序列中的胜利者。

Chapter 3 第三章 鹿的繁育

第一节 鹿的繁殖规律

一、性成熟与体成熟

（一）鹿性成熟和体成熟的时期

母梅花鹿和母马鹿的性成熟期为生后 16～18 月龄，即在生后翌年的秋季；公鹿则在 28～30 月龄才能达到完全性成熟，即在第 3 年的秋季。如果生活条件适宜，饲养管理得当，个体发育良好，性成熟期可以提前，在 8～10 月龄可达性成熟；反之，性成熟期将推迟。

从性成熟到体成熟要经过一定的过渡时间，鹿的体成熟时间大致是 3～4 岁。梅花鹿较马鹿达到体成熟的时间要早一些。母鹿要比公鹿早一些。无论是性成熟还是体成熟，除了受种类、遗传和自然环境因素影响外，饲养管理因素的影响也很大。

（二）影响性成熟的因素

激素在性成熟过程中固然起着重要作用，而鹿性成熟的早晚还与鹿的种类、生活环境、营养个体发育等因素有关。

1. 种类 不同种类的鹿科动物，由于它们的遗传基础不同，其性成熟的早晚也不同。例如，母梅花鹿 16～18 月龄性成熟；驯鹿母鹿 1.5～2 岁、公鹿 2～3 岁性成熟；塔里木马鹿 2～3 岁性成熟。

2. 生活环境 在北方或全年低气温的地区，鹿科动物性成熟一般晚于温暖地区，这不仅与春季来临的迟早有关，而且较长的寒冷季节，生活环境不良，也影响性成熟。如我国东北地区的公梅花鹿性成熟在 3 岁，而四川的川西平原气候温暖，水草丰富，公梅花鹿性成熟在 2.5 岁。

3. 营养 在低营养状况下，鹿体内蛋白质合成受阻，生长发育迟缓，体重增加缓慢，性成熟时间推迟。高营养情况下，鹿体生长发育加快，性成熟时间会提前。

4. 个体发育 生长发育受阻的鹿，大多是由于营养不良或疾病导致的；也有先天的原因，以致性成熟推迟。有些性异常的个体，因生殖器官发育不全，则不可能有性成熟，即使注射促性腺激素也不能改善。实践证明，同一鹿种公鹿的性成熟要比母鹿迟一些。

（三）初配适龄

幼龄鹿达到性成熟之后，虽然具有繁殖能力，但不适于参加配种，因为过早配种并妊娠，母鹿不仅把营养用于自身的继续发育上，而且还要负担胚胎的生长发育，这样不仅会严重影响仔鹿的健康，而且易产生弱小的仔鹿，对今后的生产性能会有严重影响。

但也不能随意推迟母鹿的初配年龄，否则会影响养鹿业的经济效益。实践证明，育成母鹿体重为成年母鹿体重的70％以上时，即可适时配种。此时，初配母鹿虽然没有达到体成熟，但在良好的饲养管理条件下，妊娠前期仍可以正常发育。生长发育良好的梅花鹿母鹿，满16月龄（即生后翌年的配种季节）时参加配种较为适宜。对一部分发育迟缓的和不足16月龄的育成母鹿应推迟一年再行配种。据秦荣前等（1983）调查，东北地区初产母鹿所产仔鹿平均体重比经产母鹿所产仔鹿仅低4％，这说明妊娠母鹿年龄上的差异，对仔鹿初生重的影响并不明显，这种微小的差异经过生后加强饲养管理还可得到一定的补偿。为了培育高产鹿群或进行品系繁育，以获得优良后代，作为育种用鹿初配年龄应比一般生产群推迟一年。

梅花鹿、马鹿或水鹿等，其公鹿的初配年龄应在满3岁以后，如过早参加配种，对其生长发育、生产性能和后代品质都有不良影响。

二、发情周期

（一）发情周期的阶段划分

根据母鹿发情过程中生殖器官的变化和外部表现，可将发情周期分为4个时期：

1. 发情前期 此期是发情的准备阶段，母鹿阴道分泌物稍有增加，卵子尚未成熟和排出，无性欲表现。

2. 发情期 此期是发情周期的主要阶段，母鹿阴道分泌物增加，有性欲表现，并接受交配。

3. 发情后期 排卵后，母鹿的生殖器官复原，发情结束。

4. 间情期 可视为发情后期的延续，生殖机能由兴奋状态转为平静状态。母鹿在发情期中配种，如未受胎，则间情期持续一定时期之后，又进入发情前期；如已受胎，则母鹿不再发情，转入妊娠期。

鹿在非繁殖季节期间无发情表现，此期又称乏情期。

（二）发情周期的持续时间

母鹿的周期性发情受内外因素影响，外因有光照、温度、营养等；内因由神经和激素起主导作用。中国农业科学院特产研究所对吉林市龙潭山鹿场、东丰县鹿场的梅花鹿进行研究时发现，母梅花鹿发情周期为 6～20 天，平均为 12 天，也有平均 14 天、18 天的报道。

三、发 情 期

发情期是母鹿发情周期的一个阶段，只有在这个阶段母鹿才能排卵和接受交配。发情期一般以天或小时来计算。

（一）母鹿的发情表现

根据母鹿性行为表现，可分为 3 个时期：

1. 发情初期 母鹿兴奋不安，食欲下降，圈养母鹿多沿着围墙游走并相互尾随，但公鹿爬跨时，又不愿接受交配。外部观察可见阴唇潮红、充血，阴道内分泌出少量黏液，稀薄、牵缕性差。

2. 发情旺期 母鹿的泪窝开张，分泌一种强烈难闻的气味，游走不安，频频摆尾、排尿，常发出低吟声，外生殖器官红肿、开张，黏液分泌量增加，牵缕性增强。主动接近公鹿，当公鹿爬跨时常站立不动，并送臀、举尾，接受交配。

3. 发情末期 母鹿精神状态逐渐恢复平静，不再接受爬跨，如有公鹿追爬，立即逃逸，或回头扒打公鹿。阴门收缩，黏液量减少而变得黏稠、牵缕性差。

（二）发情持续时间

即每个发情周期中发情期所占的时间。一般以小时来计算。发情持续期的长短与鹿种、个体营养及其他生理状况等因素有关，也与观察方法有关，所以研究结果有一定差别。据有关文献记载，每次发情的持续期为 12～36 小时。

（三）异常发情

1. 间歇发情 有的母鹿发情并接受交配，隔几天后（1～6 天）又发情，再次接受交配，但几天后又发情，再次接受交配，这样时停时现的发情，被称为间歇发情。产生间歇发情的原因，可能是母鹿生殖机能紊乱，使卵泡交替发育所致，即先发育的卵泡中途退化、被吸收，而新的卵泡又再发育，使发情时停时现。母鹿间歇发情期间虽然接受交配，但不能受孕，除非转入正常发情，配种才可能受胎。

2. 安静发情 可以见到 2 次发情的间隔时间明显延长，是正常发情周期的 1 倍或 2 倍，那么这 2 次发情中间，可能夹有 1 次或 2 次安静发情。安静发情的本质，母鹿虽缺乏发情表现，但其卵巢的卵泡仍在发育、成熟和排卵。引起安静发情的原因可能是生殖激素分泌不平衡所致，如雌激素分泌量不足，发情表现就不明显或缺乏；促乳素分泌不足，引起黄体早期萎缩，于是孕酮分泌量不足，降低了丘脑下部对雌激素的敏感性。

3. 妊娠后发情 有的母鹿妊娠后仍有发情表现，称为妊娠后发情。常发生于妊娠最初的 3 个月内，其原因可能是生殖器官发生疾病，使生殖激素分泌紊乱，于是卵巢中仍有许多卵泡在发育，致使雌激素含量增高，母鹿出现发情表现。妊娠后发情常造成妊娠母鹿早期流产。

（四）产后第 1 次发情

据统计，梅花鹿母鹿产后第 1 次发情的时间为 88～155 天，平均为 132 天。5 月产仔的母鹿多集中于 9 月、10 月发情，发情率为 91.7%；6 月产仔的母鹿多集中于 10 月、11 月发情，发情率为 81.3%；7 月产仔的母鹿多集中于 11 月发情，发情率为 86.7%。由此可见，母鹿如果产仔早，则当年发情也早。同一只母鹿在不同的年份，其产后第 1 次发情的时间是不同的。在同样的地理环境下，各年度配种季节的光照条件基本是相对恒定的，同一只母鹿在不同年度里，产后第 1 次发情的时间却有很大差异。其主要原因是饲养管理水平，如果饲养管理条件好，母鹿产后体质恢复快，则产后第 1 次发情的时间会适当提前。由此可见，加强母鹿饲养管理，不但有利于仔鹿的发育，也可为提前发情打下基础。

四、妊 娠 期

妊娠是指受精卵在子宫内逐渐发育成胎儿，一直到将要分娩时母体呈现的一系列生理过程。完成这一过程所需要的时间被称为妊娠期。妊娠期一般指母鹿接受最后一次交配到胎儿产出时止的天数。

不同的鹿种其妊娠期也不同（表 3-1）。

表 3-1 几种鹿的妊娠期（天）

鹿　种	妊娠期	鹿　种	妊娠期
梅花鹿	229±6	驯鹿	215～238
东北马鹿	243±6	水鹿	250～270
天山马鹿	224±7	白唇鹿	220～230
塔里木马鹿	246±6	海南坡鹿	210～240
阿勒泰马鹿	235～262	麋鹿	250～315

赵世臻（1998）统计梅花鹿妊娠期为 230 天左右（225～245 天）。影响妊娠期长短的因素，不同鹿科动物正常的妊娠期有其稳定的遗传性，但往往受母体、胎儿以及其他因素的综合影响，可出现一定程度的差异。营养对妊娠期也有影响，母体营养好，胎儿发育迅速，母鹿妊娠期相对较短；反之，胎儿发育缓慢，妊娠期也必然延后，用以弥补胎儿对营养的需求；圈养母鹿的妊娠期比放牧与圈养结合的母鹿要长，圈养母鹿妊娠期 237.2 天（223～256 天），而放牧与圈养相结合的为 234.7 天（221～236 天）。可能是后者运动量大，牧草中含有较多的维生素和微量元素，母鹿新陈代谢旺盛，有利于胎儿发育；胎儿性别与数目对妊娠期的影响，孙继良对蛟河第一鹿场母鹿进行观察，怀雌性胎儿的母鹿其妊娠期为 240.8 天（223～249 天），妊娠期稍长于怀雄性胎儿的母鹿的妊娠期为 232.9 天（222～243）。有关文献也有类似报道，怀雌性胎儿的母鹿其妊娠期为 237.6 天（224～257 天），怀雄性胎儿的母鹿的妊娠期为 236 天（223～252 天）。双胎妊娠期 239.5 天（232～253 天），比单胎长 2～3 天；母鹿年龄，老龄鹿妊娠期要比青壮年鹿妊娠期长，一方面可能与新陈代谢有关；另一方面可能与母鹿神经-体液机能下降有关。

五、产 仔 期

鹿的产仔期主要决定于配种期。正常情况下，鹿在每年的 9—11 月发情配种，妊娠期大致按 8 个月计算，产仔期是翌年的 5 月至 6 月末。马鹿的配种期略早于梅花鹿，但其妊娠期也稍长于梅花鹿，所以产仔期相近。从产仔开始到产仔结束，需 2 个多月的时间。在这段时间里，产仔多集中于 5 月中旬至 6 月上旬。此时，气温适宜，青绿多汁饲料丰富，日照时间长，有利于仔鹿早期的迅速发育，提高成活率。到了炎热多雨的7月、8月，大部分仔鹿已达2个多月龄，体重已达15千克以上，已能够适应外界多变的环境。这是鹿科动物在进化过程中适应环境的结果。

有的鹿由于配种晚，其产仔期延迟到7—8月，正值盛夏多雨季节，湿度大，卫生条件差，初生仔鹿发病率高。如在8月末所有仔鹿一次断奶，其哺乳期较5月、6月出生的仔鹿少30～60天，会直接影响仔鹿断奶后和育成期的发育。因此，母鹿的提早或集中分娩对仔鹿的正常生长发育十分重要，为此必须使母鹿提前或集中发情。

第二节　鹿的配种

一、配种年龄

配种年龄和初配年龄是两个不同的概念，前者是指鹿的一生是在哪一个年龄段参加配种的，其后代能发挥出最佳的生产性能；后者是指鹿在性成熟后首次参加配种的年龄。根据配种效果和生产管理上的要求，公鹿和母鹿的配种年龄也各不相同。例如，母鹿是本年度出生的仔鹿，至翌年的9—11月，到18月龄，并且发育到成年母鹿体重的70%以上时，即可参加配种；对于一些出生较晚、体质较差的小母鹿，则延迟到生后的第3年，即30个月才可参加配种。实验证明，活重不到65千克的幼龄母赤鹿能够产仔的仅占50%，而超过65千克的母赤鹿能够产仔的可达90%左右。在苏格兰，幼年母赤鹿发情时，体重不足60千克的不产仔，体重为75千克的会有80%产仔。由此可见，母鹿最初参加配种年龄应视其发育程度而定。至于最大的配种年龄，应视其自然寿命而定，在人工饲养条件下，鹿的寿命为20岁左右。能够正常参加繁殖的母鹿最大年龄不超过15岁。

公鹿的配种年龄，原则上以4岁以上为宜，但也因育种目标和配种方法不同而有一定的变化。如果从改良鹿群质量出发，参加配种的公鹿以5～8岁的壮年公鹿更理想。因为壮年公鹿的遗传性稳定，能把其优良性状稳定地遗传给后代。如果采用单公群母配种，种公鹿选择年轻的较好，一般梅花鹿以4～6岁、马鹿以4～7岁为宜，因年轻公鹿配种灵活，受胎率也不低。

二、配种季节

人工驯养鹿的繁殖特性仍与野生鹿科动物一样，在固定的季节里表现性行为，即公鹿出现发情征状，母鹿出现周期性发情，因此鹿科动物被称为季节性多周期发情动物。而且鹿的发情和配种是在日照时间逐渐缩短的季节里进行的，因此进一步被称为昼短性繁殖动物。在我国北方，鹿科动物于秋末冬初进入配种季节，公鹿、母鹿出现发情征状。

鹿科动物的繁殖之所以有季节性，这是长期自然选择的结果。因为在自然条件下，只有那些在全年中比较良好环境下出生的仔鹿才能够存活下来，从而使种族延续下去。现以梅花鹿为例，它在9—11月发情配种，妊娠期约为8个月，则分娩季节为春末夏初之际（5—7月）。此时，母鹿可以采食较多的青绿饲料，由于饲料品质得到明显改善，提高了乳汁的品质和数量，以满足仔鹿哺乳的需要。同时，此季节气候温暖而干燥，非常有利于仔鹿的成活。又因此期草木繁茂，利于隐蔽，可免受敌害侵袭。

（一）几种鹿的配种季节

在我国北方，梅花鹿一般9月中旬开始发情，10月为配种旺期，11月中旬配种工作基本结束，配种期为两个月左右。马鹿要比梅花鹿早一些，一般在9月上旬开始发情，9月中、下旬达到发情旺期，11月初配种基本结束。驯鹿、白唇鹿的配种时间与梅花鹿相似。海南岛的坡鹿配种时间为1—6月，配种旺期为3—4月。广东的水鹿发情、配种季节性不明显，麋鹿于夏季发情。狍的配种期较梅花鹿早，为8—9月。

（二）影响配种季节的因素

鹿的配种季节受光照、温度、营养、激素及其他因素的综合影响。

1. 光照 光照时间的变化，对鹿性活动的影响比较明显。在赤道附近的地区，由于全年的昼夜长短比较恒定，所以该地区鹿的性活动不随白昼长短的变化而有所变化，即光照时间的长短对其性活动影响不大。如水鹿一般在4—6月发情配种，而广东省由于纬度低，这里驯养的水鹿发情受季节的限制程度低。但在非热带地区光照时间的长短，则随季节变化而发生周期性变化。鹿的配种季节与光照时间的变化密切相关，即秋分（昼夜平分之日）后，随着光照时间渐短而陆续出现发情征状，如公鹿角的骨化、脱皮、互相争偶斗架，母鹿也相应地呈现周期性发情。

2. 温度 温度对鹿的配种季节似乎也有影响。如果只有光照时间变化影响鹿的发情与配种，那么从夏至到秋分这个阶段也是白昼渐短，但鹿并不发情。这是因为盛夏时节，温度很高，高温能抑制性腺的生理机能，使公鹿不能产生成熟的精子，使母鹿的发情和排卵也受到阻滞。

3. 营养 饲料充足、营养全价会使鹿的配种季节提前。瘦弱或患病的母鹿发情晚或不发情，这多半是因营养不良导致性机能失调所致。因此，改善饲养管理，采取有效的技术措施，例如，增饲富含维生素A、维生素E的青绿多汁饲料，或对仔鹿适时提早断奶，对母鹿提早发情均有促进作用。

4. 激素 诸多外界因素通过神经体液调节鹿的配种季节，其控制中心在丘脑下部。例如，秋季日照渐短，作用于鹿的眼底，经视神经传入丘脑下部，丘脑下部的神经细胞接受刺激后，释放出促性腺释放激素，进入通向垂体前叶的血管系统中，来控制性腺中性激素的水平，当性激素水平大幅度提高时，于是出现了发情征状。

5. 其他因素 异性刺激（主要是视觉、嗅觉和听觉的刺激）会影响鹿配种季节开始的时间与进度。例如，有些鹿场在母鹿发情之前，在母鹿群内放入几只年轻的公鹿，可诱使母鹿提前发情，待较多母鹿出现发情征状时，再拨出这些诱情公鹿，放入种公鹿进行正式配种。又如，发情母鹿圈舍与公鹿圈舍相邻，会激化公鹿之间的争偶斗架与相互追爬，使公鹿圈不得安宁。如果将已经参加过配种的公鹿拨入未参加配种公鹿大群中，那么未参加配种的公鹿会将它当作母鹿去追逐和爬跨，甚至被追赶得筋疲力尽或造成直肠穿孔，这是因为这只公鹿身上已沾有母鹿气味。

不同种间的鹿，其配种季节开始的时间和持续期的长短也有很大差异。这证明与遗传有关，因为种间的差异主要是遗传上的差异。

三、交配频率

交配频率是指在一定时间内（一般指1天内）公鹿可以交配的次数，目前对这方面研究得还很少。在一定时间内公鹿的交配频率，因种类、个体、气候和其他因素不同而有差异。梅花鹿的交配频率高于马鹿。新进入母鹿群的公鹿，头一天交配次数多达20～30次，以后交配次数明显减少。如果采用群公群母方法配种，其中群体等级序列高的鹿交配次数高于等级序列低的公鹿。一天中以清晨和黄昏交配频次较多，午间最少。

四、配种方法

鹿属于一雄配多雌的动物，野生鹿群公、母比例在1∶15左右，目前圈养或半散放饲养的鹿群，仍处于半野生状态，公鹿发情期性情特别狂躁，不易让人接近。因此，鹿的配种工作多以自然交配（本交）为主，对于鹿的改良研究也采用了人工授精。现将自然交配的几种方法做以下介绍。

1. 群公群母配种 本法是采用多只公鹿与多只母鹿参加配种。一般以25～30只母鹿为一个配种群，按公、母比例为1：（4～5）的数量将公鹿放入母鹿群中，进行公、母鹿混群交配。在具体实施过程中还可分为以下两种方法。

（1）群公群母一配到底 按群公群母配种比例，在配种开始一次将公鹿全部放入配种的母鹿群内。在配种期间，如发现有的公鹿患病，性欲不旺盛，体质下降和丧失配种能力，要及时拨出，拨后不再补充新的种公鹿。因为后补充进来的种公鹿受原群种公鹿攻击，不敢参加配种，还容易被顶伤致残。每只公鹿所负担的配种任务以不超过10只母鹿为限，否则要进行补充。这种配种方法早在20世纪50年代就开始被采用，平均受胎率达90%以上。

（2）群公群母替换种公鹿 这种配种方法是在配种中期，更换一次种公鹿，或者配种初期于母鹿群中放入年轻公鹿，以达诱情或试情作用，待母鹿达到发情旺期时，将年轻公鹿拨出，再按比例放入配种公鹿，直到配种结束。

2. 单公群母配种 目前实际生产中的做法有以下3种。

（1）单公群母一配到底 配种期一开始就按公、母1：（15～20）的比例将公、母鹿混群。种公鹿不仅要经过严格选择，还要进行精液检查。一般在配种期间不替换公鹿，一直到配种结束。用这种方法，要昼夜值班观察，做好配种记录。

（2）单公群母替换种公鹿 这种配种方法，母鹿群可以稍大些，其公、母比例为1：（25～30），每群母鹿中投放1只种公鹿。在配种过程中要认真观察配种情况，做好记录。为了确保公鹿有旺盛的配种能力，每7～10天换一次种公鹿，在母鹿发情旺期，替换种公鹿的次数要适当增多，以确保母鹿受胎。

（3）单公群母定时放入种公鹿 所谓定时，就是每天人为地规定一定的配种次数和时间，以一定的次数在规定的时间里向母鹿群中放入种公鹿。以放入1只公鹿负担15只母鹿的配种任务为宜。

圈养和放牧相结合的养鹿场，可采用另一种单公群母定时放入种公鹿的配种方法，即白天将母鹿赶出去放牧，待晚上归牧时将1只种公鹿放入母鹿群内，使鹿在早、晚和夜间配种，这种方法效果也很好。

3. 单公单母试情配种 这种方法是在25～30只的母鹿圈内放入1只试情公鹿，以发现发情母鹿。试情的公鹿一定要性欲旺盛、体态灵活。为使试情公鹿既达到试情目的，又不至于交配，必须给试情公鹿带上试情布，或将试情鹿做输精管结扎术或阴茎移位术。通过试情发现发情母鹿，应将这只母鹿和已选定的公鹿拨入配种间进行配种，交配完毕后将这只母鹿再拨入已受配母鹿群内。考虑到母鹿在第1个发情周期中可能没有配上，在受配母鹿群再放入1只试情公鹿进行查情补配。育种核心群的母鹿再发情时，应以同1只公鹿复配，一般繁殖群可以用另1只公鹿复配。

不论采用哪一种配种方法，均要做好记录，以便总结经验，加强育种工作，以利于提高鹿群的生产性能。

五、配种前的准备工作

（一）鹿群的调整

1. 母鹿群的调整 仔鹿断奶后，按繁殖性能、体质外貌、血缘关系、年龄以及健康状况等，重新组成育种核心群、一般繁殖群、初配群、后备群、淘汰群。育种核心群以母鹿生产水平为依据，择优挑选，数量一般可在母鹿总数的30%左右。初配母鹿不要与经产母鹿混群。过胖、过瘦的母鹿应单独分圈专门饲养。严格淘汰那些无饲养价值的母鹿，如不育的、有严重恶癖的、年龄过大又产弱小仔的、患重病的母鹿。也可根据鹿场实际情况，对于年龄偏高、繁殖能力较低或不具备繁殖体况的体弱母鹿，经详细检查和全面分析后单独组成小群配种，结合本年发情、配种以及上年产仔等情况决定是否淘汰。要配种的母鹿群大小视圈舍面积和拟采用的配种方法等确定，不宜过大和过小，一般以20～30只为宜，应补给富含维生素的饲料，如胡萝卜、麦芽等，每天适当地进行驱赶运动。

2. 公鹿群的调整 收茸后，根据体质外貌、生产性能、谱系、生长发育、年龄、后代品质等，重新分成种用群、后备种用群和非种用群。种公鹿要严格挑选，对挑选出的种用公鹿在8月初开始调整饲料，逐渐减少玉米等能量饲料的比例，增加豆饼等蛋白质饲料和青绿枝叶、胡萝卜、甜菜、麦芽等饲料的喂量，同时加大运动量，每天上午、下午各1次，每次不少于30分钟。实践证明，凡在配种准备期运动充分的种公鹿，性欲旺盛，追逐能力强，能较多地承担配种任务。

考虑到：①有的公鹿虽被选为种鹿，但不会交配，或只配几次，或因患病、意外事故不能再参配；②有的已配母鹿因返情需要公鹿复配，常常导致不能完成预计的配种任务；③在配种高峰期，每天发情母鹿只数多（据统计，可占配种数的8%左右），要有足够数量的种公鹿才能保证它们的配种。所以，种公鹿的数量一般不能少于参配种母鹿总数的10%。

另外，公鹿圈应安排在鹿场的上风向，母鹿圈应安排在鹿场的下风向，并尽可能拉大公母鹿圈两区间的距离，以免在配种季节因母鹿的发情气味诱使公鹿角斗、爬跨而造成伤亡。

（二）配种方案的制订和用品的准备

在配种开始前，根据本场实际和育种目标，结合过去在选种选配效果方面的资料事先选定并搭配好某只（某些）公鹿应与某些母鹿交配，制订好配种方案。因运作中常有意外发生，故应有数只后备种用公鹿。通常育种核心母鹿群用最好的公鹿配；一般繁殖母鹿群用较好的公鹿配。也可用一部分多余的最好的公鹿配；初配母鹿用成年公鹿配；准备淘汰的母鹿群虽然总体上都较差，或许某个方面（特别是高产基因）比较突出，因此在条件允许的情况下也要用较好的公鹿配。

要备足医疗药品、器具和圈舍维修材料，并准备好配种记录本（表3-2）。

表3-2　鹿群配种记录本

场名　　　　　　　　年份　　　　　　　　记录人　　　　　　　　第　页

<table>
<tr><th rowspan="3">序号</th><th colspan="3">受配母鹿</th><th colspan="12">与配公鹿</th><th rowspan="3">备注</th></tr>
<tr><th rowspan="2">舍别</th><th rowspan="2">编号</th><th rowspan="2">种类</th><th colspan="4">第1次</th><th colspan="4">第2次</th><th colspan="4">第3次</th></tr>
<tr><th>舍别</th><th>编号</th><th>种类</th><th>月日</th><th>舍别</th><th>编号</th><th>种类</th><th>月日</th><th>舍别</th><th>编号</th><th>种类</th><th>月日</th></tr>
<tr><td></td><td></td><td></td><td></td><td></td><td></td><td></td><td></td><td></td><td></td><td></td><td></td><td></td><td></td><td></td><td></td><td></td></tr>
<tr><td></td><td></td><td></td><td></td><td></td><td></td><td></td><td></td><td></td><td></td><td></td><td></td><td></td><td></td><td></td><td></td><td></td></tr>
<tr><td></td><td></td><td></td><td></td><td></td><td></td><td></td><td></td><td></td><td></td><td></td><td></td><td></td><td></td><td></td><td></td><td></td></tr>
</table>

（三）圈舍的检修

在配种开始前，应对圈舍进行全面检修，保证地面平整，防止伤鹿。

六、配种技术

（一）合群时间

公、母鹿的合群时间随拟采用的配种方法不同而异。据观测，母鹿在一天中多集中在4:00—7:00和17:00—22:00发情，因此在配种期公、母鹿每天合群的时间应集中在这两段时间，以便于看管和记录。

（二）种公鹿的合理使用

在配种期应合理使用种公鹿，若使用太少，则发挥不出优良种公鹿应有的作用；若使用太多又影响其健康，容易造成与配母鹿空怀。以每只种公鹿平均承担10～20只母鹿的配种任务为宜。种公鹿每天上、下午各配1次较好，两次配种应间隔 4 小时以上，连配 2 天后应休息 1 天，若某天早晨或傍晚几只母鹿同时发情，应每配 1 只母鹿，更换 1 只种公鹿，不能用 1 只种公鹿接连配完这几只发情母鹿。频配的种公鹿常常很快变得消瘦，而且到后期不能很好地配种。替换下来的种公鹿最好单圈专门饲养，休息一段时间后仍可参加配种。因此，必须有节制地使用种公鹿，才能保持种公鹿的配种能力和提高母鹿的受胎率。

（三）隐性发情母鹿的配种

有的母鹿（特别是初配母鹿）发情征状不明显，交配欲也不太强，但其卵泡却已发育成熟或排卵。这类隐性发情的母鹿可用性欲旺盛的种公鹿追配，必要时采取堵截该鹿助配；也可用人工授精使其受胎。

（四）返情母鹿的补配

母鹿由于种种原因不一定都能受孕，部分未妊娠母鹿可能再次出现发情。为了减少空怀率，必须经常观察已配母鹿，一旦发现返情母鹿，应及时用种公鹿补配。有的鹿场将发情母鹿配种后拨入另一个圈内，重新组成已配母鹿群，并放入 1 只种公鹿，以便对返情母鹿及时补配。此法较省事，效果也较好，但应值班看配，否则后代谱系易混乱。

第三节　鹿的人工授精

人工授精是用器械采集公畜的精液，再用器械将精液注入发情母畜的生殖道内，以代替公、母畜自然交配的一种方法。

我国开展鹿的人工授精始于 20 世纪 60 年代初，虽然开展得比家畜晚，但发展速度很快。特别是近 10 年来有了长足进展，它对推动我国鹿饲养业的发展有重要作用。

鹿的人工授精技术的优点：一是扩大了优良种公鹿的配种只数，提高了优良种公鹿利用率，一只种公鹿在自然交配时，一般在一个发情配种期只能配 20～30 只母鹿，而实行人工授精时则可达到 300～500 只母鹿。二是冷冻精液能长期保存优良基因，便于运输，克服了时间差异、地域限制、种公鹿寿命的限制，降低了成本，提高了种公鹿的利用年限。三是能有效地进行鹿的种间杂交。如梅花鹿与马鹿种间的正交、反交，采用新鲜精液或冷冻精液输精，完全克服了它们之间体型、发情期和择偶性的差异所造成的自然交配困难，这是顺利实现鹿杂交育种的重要手段。四是人工授精能保证精液品质和做到适时输精，可增加受孕机会，提高了母鹿受胎率，加快鹿繁殖及改良速度。五是减少了配种公鹿体能消耗，保证及早恢复体况，为翌年产茸做准备。六是能有效防止各种疾病的传播，尤其是生殖系统传染病。

目前，人工授精技术已成为鹿高效快繁的重要手段，应在生产中大力推广应用，这对提高我国鹿繁殖速度、加快鹿改良进程和提高鹿生产水平具有重大推动作用。

一、人工采精方法

根据鹿的驯化程度和技术条件，一般可用假阴道采精法和电刺激采精法两种方法。

（一）假阴道采精法

这种方法是接近于自然交配状态下的一种较为理想的采精方法。该方法简便可靠，人鹿安全，采精成功率大，虽然采集的精液量不大，但采出的精液精子密度高、活率高、附性腺分泌物少。

1. 采精场地的要求 采精场地应设在距公鹿圈较近处，拨鹿安全方便，安静，地面无杂物，面积一般在 100 米^2 为宜，圈墙高 2 米以上。

2. 台母鹿的准备 可将经过调教和驯化好的发情母鹿作为台母鹿，如母鹿不顺从，可注射镇静剂，也可用假台母鹿。

假台母鹿可用木板制成形似母鹿的骨架，外面包上鹿皮，在后躯的适宜位置留出放置假阴道的孔洞。马鹿假台母鹿的体长 170 厘米，高 90 厘米，宽 35 厘米，假阴道孔洞中心离地面的高度为 80 厘米（图 3－1）。

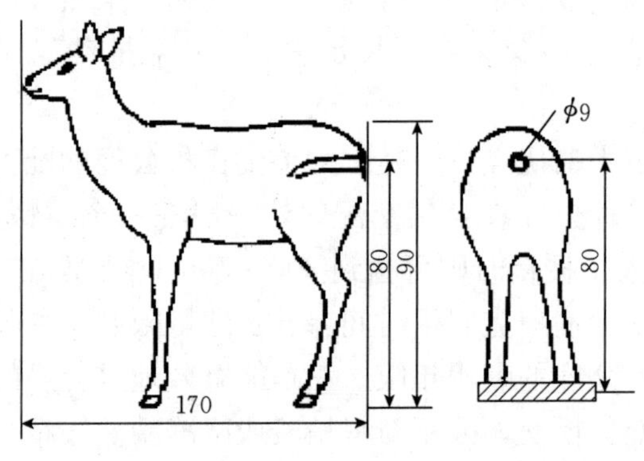

图 3－1 马鹿假台母鹿（单位：厘米）

假阴道由橡胶外壳、橡胶内胎、集精杯、气门等组成。假阴道外壳的长度以及直径应与待采公鹿相吻合。用硬质橡胶圆管制作外壳，长 33～38 厘米，内径 7 厘米，外径 8 厘米，中间设一注水打气伐孔。内胎用软橡胶制作，较外壳长 18～20 厘米（图 3-2）。

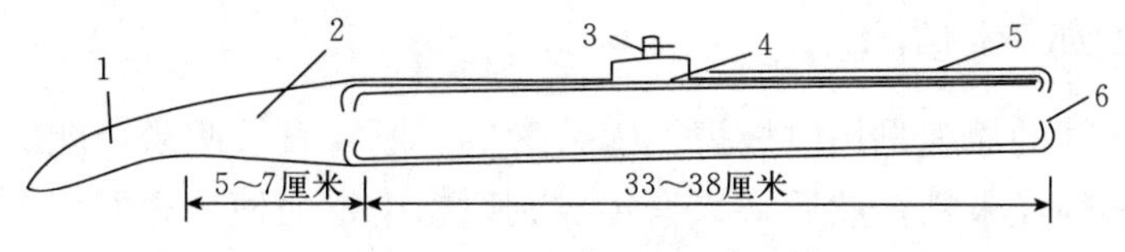

图 3-2 假阴道

1. 集精杯 2. 集精漏斗 3. 气阀 4. 注水孔 5. 橡胶外壳 6. 橡胶内胎

安装时，先将洗净并经干燥后的橡胶内胎的两端套在外壳上，保持内胎适度松紧，两端用胶圈固定，再用 70% 乙醇均匀涂擦消毒，然后安装上经过消毒处理的集精杯，待乙醇挥发后便可使用。采精前，向假阴道夹层内注入适量的温水（约相当于夹层装水量的 1/2），假阴道内的温度一般调整到 39～40 ℃，具体应视个体而定。要确保采精的当时维持这个温度，并据此调整确定注入假阴道外壳和内胎间的水的温度。它还受环境温度、采精时间的长短、采精场地的温度等因素的影响，有必要每隔一段时间就用经校正的温度计来测量假阴道内的温度。

在采精当时集精漏斗和集精杯须维持在接近体温的温度。在北方采精时，可采用预热的假阴道保温外套，甚至有必要在集精杯外再套上一个集精杯保温套进行双重保护，以防止精液遭受低温打击。

在假阴道内腔前部 1/2 处涂上已消毒的润滑剂（凡士林加石蜡油），以保持润滑。应用无菌玻璃棒涂抹润滑剂，涂抹量要酌情而定，涂抹过多会污染精液，引起精子凝集。然后，再向假阴道夹层充入适量空气，使之保持一定压力。假阴道内的温度、润滑度、压力是否合适，是采精能否成功的关键因素。最后，将假阴道装入假台母鹿内，并使假阴道口向下倾斜 15°～25°。此外，采精前应清洗假台母鹿，特别是后躯的尾根、外阴、肛门等处。一般先用温肥皂水或洗衣粉清洗，然后再用净水冲洗，最后用蒸煮消毒的抹布擦干。

假阴道的清洗和灭菌工作极其重要。每次使用完毕后，应完全拆卸下来并立即清洗。内胎和集精漏斗应翻转过来刷洗，再用自来水冲洗，然后用蒸馏水冲洗，最后在 70% 乙醇中浸泡 5 分钟。取出后竖挂于无尘的柜子内使其干燥。

3. 种公鹿的调教 平时应加强对种公鹿的驯化，经常用食物和固定信号诱引种公鹿，后边有人驱赶，在场内运动，做到鹿不怕人，任人抚摸的程度。等到了发情季节，每天定时把种公鹿拨入采精场，让其熟悉接近台母鹿，特别是假台母鹿，如果用假台母鹿，则应经常在假台母鹿的后躯涂抹发情母鹿的尿液。用假台母鹿调教种公鹿要有一个过程，要有耐心，不要鞭抽棍打，尽量避免不良刺激。一旦第1次爬跨成功后，必须连续数日进行多次重复，使其建立起稳定的条件反射，保证以后能顺利采精。

（二）电刺激采精法

电刺激采精的原理是用电极棒插入公鹿的直肠，直接刺激公鹿的输精管壶腹部附近的感觉神经末梢，然后将兴奋传导到射精中枢而使公鹿射精。

1. 电刺激采精器 其基本构造主要包括电刺激器和电极棒（直肠探子）两部分，用8节1号电池做电源。其主要技术参数为：输出波形为正弦波，频率为50赫兹，电压为0～12伏，可调7档，输入电流0～1安。电极棒由硬质塑料或有机玻璃等绝缘材料制成，其直径和长度因鹿种类不同而异。

2. 采精过程 包括保定、处置、采集精液3个基本环节。

（1）公鹿保定 将采精公鹿拨入保定器内保定，可辅以少量药物，使公鹿保持站立状态。如无保定器，也可直接用药物麻醉，使其处于全麻状态，使鹿体呈侧卧姿势。

（2）公鹿处置 排出宿粪，剪掉包皮口周围的长毛，先用清水冲洗阴部和包皮腔，再用生理盐水冲洗干净，然后用灭菌纱布擦干包皮内部及龟头。

（3）采集精液 将电极棒用水蘸湿，徐徐插入直肠，深度25厘米左右，并尽力使电极棒前部紧贴直肠腹面，将电压调至零位。打开电源开关，按照由低到高的顺序调节电压值，个体不同射精电压也不同。并在每档通、断交替刺激5～10次，每次通电5秒，间断2～3秒，当电压升至射精档时，在该档继续交替刺激直至射精完毕，也可再升一档刺激，使其充分射精。用集精杯分段接取精液。此时，应小心收集，注意保温避光，集精杯温度以接近鹿体温为宜，采精后的公鹿休息10～60分钟后可自行起立行走。

二、精液品质评定

精液品质评定的目的是鉴定精液质量的优劣，以便决定取舍和确定制作输精剂量的头份，同时也可检查公鹿的饲养管理水平和生殖器官机能状态，反映技术操作质量，并以此作为检验精液稀释、保存和运输效果的依据。

（一）外观和精液量

鹿正常精液为乳白色或乳黄色。精液均匀、不透明，表明其精子浓度高。半透明状的精液含的精子数较少。精子运动翻滚如云，俗称“云雾状”，云雾状越显著，表明精子活率、密度越高。精液应不含毛、脏物和其他污染物。

精液量因品种、个体、年龄、采精频率和方法、技术水平等不同而异。一般假阴道采精，梅花鹿采精量为 0.6～1 毫升，马鹿为 1～2 毫升；电刺激采精，梅花鹿采精量为 1～2 毫升，马鹿为 2～5 毫升。

（二）精子活率

指精液中前进运动精子所占的百分比，也称为活力。做前进运动的精子是指精子近似直线地从一点移动或前进到另一点。精子活率是精液品质评定的一个重要指标，因为受精率与所输精液包含的活动精子数高度相关。

测定方法是在 38～40 ℃下，用 400～600 倍显微镜进行观察。评定精子活率一般采用 10 级制，即在显微镜下直线前进运动的精子占 100%，精子活率为 1.0；当直线前进运动的精子占 90%时，精子活率为 0.9，以此类推。假阴道采精，精子活率一般为 0.8～0.9；电刺激采精，精子活率一般为 0.6～0.8。用新鲜精液输精，精子活率在 0.6 以上即可。制备冷冻精液时，冷冻前精子活率在 0.7 以上，冷冻精液解冻后精子活率不低于 0.3。

（三）精子密度

指单位容积（1 毫升）的精液所含的精子数量。精子密度一般为 8 亿个/毫升以上。当精子密度在正常范围内时，其与受精力的关系不大。但当精子密度下降到低于正常值的 50%时，则应谨慎使用这样的精液。

1. 估测法 在显微镜视野中根据精子的稠密程度，将精子密度分为密、中、稀 3 种，“密”为 8 亿个/毫升以上，“中”为 4 亿～8 亿个/毫升，4 亿个/毫升以下为“稀”。

2. 精子计数 可用血细胞计数板来计算每毫升精液中的精子数量，通过计数和计算求出该计数是 0.1 毫米^{3}精液中的精子数，再根据稀释倍数计算出每毫升精液中的精子数，计算公式为：1 毫升精液中的精子数（精子浓度）=0.1 毫米^3 中的精子数×10×稀释倍数×1 000。

利用血细胞计数板计算精子密度时应预先对精液进行稀释，稀释的目的是为了在计数室使单个精子清晰可数。鹿精液一般稀释 200 倍，所用稀释液必须能杀死精子。常用的有 3%氯化钠溶液。在家畜中有人推荐使用 2%的伊红水溶液，既具杀精作用又具染色作用，更便于精子计数。

另一种方法是利用光电比色计，根据精子密度越大透光性越差的特点，与标准管进行比较，能迅速准确地测出精子密度。由于光电比色计测定精子密度快捷、准确、方便，已被普遍用于家畜冷冻精液生产单位。

（四）精子畸形率的检查

精子畸形率即畸形精子占所检查精子的比率。

双尾、卷尾、断尾、双头、巨头等都属异常精子（畸形精子）。一般品质优良的精液，精子畸形率不得超过18%。如超过20%，则可视为异常精液，应弃之不用。

检查时，取一滴精液制作成涂片，待自然干燥后，用96%乙醇固定2～3分钟，再用蒸馏水冲洗，阴干，用美蓝（或伊红、龙胆紫、红墨水、黑墨水等）染色2～3分钟，再用蒸馏水冲洗，自然干燥后镜检，计算总数一般不少于500个，然后用公式计算：

$$精子畸形率=\frac{精子畸形数}{所有精子数}\times100\%$$

如数600个精子，畸形精子总数有5个，则畸形率=5/600×100%=0.83%。

（五）精子存活时间的检查

精子存活的时间越长，受精能力越强，因此实践中要测定精子存活时间。

因死精子细胞膜发生变化，易被染色，由此鉴别精子的死活。此法也可用于精液稀释液使用效果的评定。

常用的刚果红染色法，即在100毫升7%葡萄糖中加入1克刚果红，过夜，用时取精液1份加染色液3份稀释，保存在0℃中，每隔12～24小时检查1次，摇匀，涂片，镜检，死精子被染成红色。根据着色深浅不同，可知道精子死亡的时间，直至无活精子为止。

（六）精子顶体异常的检查

精子顶体异常与否，如顶体膨胀、缺损、脱落等，与精子存活、受精力关系密切。

顶体形态检查方法：精液涂片，自然干燥，放在固定液（24小时前配好的6.8%重铬酸钾溶液，使用前8份重铬酸钾液与2份福尔马林液混合）固定片刻，取出水洗，然后用吉姆萨染色液（3毫升吉姆萨液，35毫升蒸馏水，2毫升pH=7.0 PBS缓冲液）染色1.5～2小时，取出水洗，自然干燥，树脂胶封闭制成标本，在高倍显微镜下观察。

pH＝7.0 PBS缓冲液配法：0.1摩/升磷酸氢二钠（每100毫升3.6克）61毫升与0.1毫升磷酸二氢钾（每100毫升1.4克）39毫升混合即可。

除上述之外，鹿精液品质评定还有其他一些指标。如精子对低温的耐受力检查、精子代谢活动测定（精子耗氧量测定、美蓝褪色试验、刃天青褪色试验、pH的测定以及精液果糖分解测定）等。

制作冻精的种公鹿新鲜精液，应符合下列标准：色泽呈乳白色稍带黄色、直线前进运动的精子60%以上、每毫升精子数6亿个以上和精子畸形率15%以下。

三、精液的稀释与平衡

(一) 精液稀释液的种类

精液稀释是指在精液中加入适宜于精子存活并保持受精能力的稀释液，其目的是扩大精液容量，提高一次射精量可配母鹿只数，补充适量营养和保护物质，抑制精液中有害微生物活动，以延长精子的寿命，便于精液的保存和运输。

精液稀释液的主要成分为糖类（如果糖、葡萄糖、蔗糖等）、缓冲物质（如柠檬酸钠、酒石酸钾钠、磷酸二氢钾、三羟基甲基氨基甲烷等）、卵黄和奶类、抗菌剂（如青霉素、链霉素、卡那霉素等）和抗冻剂（甘油、二甲基亚砜等）。稀释液应现配现用，也可配后放置在4～5℃冰箱中备用，但不应超过1周。

1. 新鲜精液常温下输精时稀释液的参考配方

配方	成分	用量
配方Ⅰ：	蒸馏水	100毫升
	柠檬酸钠	2.97克
	鲜卵黄	20毫升
	青霉素、链霉素	各10万单位
配方Ⅱ：	12%乳糖液	75毫升
	鲜卵黄	20毫升
	青霉素、链霉素	各10万单位

2. 冷冻精液稀释液的参考配方（用于颗粒冷冻精液）

配方	成分	用量
配方Ⅰ：	12%蔗糖液	75毫升
	鲜卵黄	20毫升
	甘油	5毫升
	青霉素、链霉素	各10万单位
配方Ⅱ：	乳糖	10克
	双蒸馏水	80毫升

鲜脱脂牛奶　　　　　　　　20 毫升

鲜卵黄　　　　　　　　　　20 毫升

取上清液 45 毫升＋葡萄糖 3 克＋甘油 5 毫升＋青霉素、链霉素各 5 万单位

配方Ⅲ：蒸馏水　　　　　　100 毫升

柠檬酸汁　　　　　　　　　2.97 克

取上清液 75 毫升＋鲜卵黄 20 毫升＋甘油 5 毫升（用于安瓿冷冻法）

（二）稀释的方法

精液应在镜检后（活率 0.6 以上，密度中等以上）尽快稀释，稀释前应将稀释液和被稀释液做等温处理（30 ℃左右），然后将稀释液沿杯壁缓缓倒入精液杯中，并慢慢转动，使其混合均匀。稀释后还应取一滴精液检查其活率，以验证稀释液是否有问题。稀释的倍数应根据原精液的活率和密度等确定，一般要求细管冷冻精液每个输精剂量应包含的呈直线前进运动的精子数为 1 000 万个以上、颗粒冷冻精液 1 200 万个以上、安瓿冷冻精液 1 500 万个以上。一般稀释 1～5 倍。可分二次稀释，以免造成稀释性打击。

（三）精液的平衡

平衡是指稀释液中的甘油与精子在 2～5 ℃条件下互相作用的时间而言，使甘油对精子起保护作用，达到保护的目的。

将稀释好的精液，用硫酸纸封好管口，再用棉花包好试管或直接将试管放入装有 200 毫升与精液等温（30 ℃左右）的水杯中，一并放入 5 ℃的冰箱中缓缓降温平衡 3～5 小时。

四、精液的冷冻保存

（一）冷冻

精液的冷冻保存就是以液氮（－196 ℃）、干冰（－79 ℃）或其他制冷设备为冷源，将精液经过特殊处理，保存在超低温下，以达到长期保存的目的。冷冻精液的最大优点是可长期保存，使精液的使用不受时间、地域，以及种公鹿寿命的限制，可充分提高优良种公鹿的利用率。精液在冷冻前，应充分混匀，并检查精子活率。

1. 细管型冷冻精液　采用一种聚氯乙烯塑料细管来盛放精液。塑料细管的容量为 0.25 毫升（微型细管）和 0.5 毫升（中型细管）两种。二者的长度都是

133毫米，外径分别是0.2毫米和2.8毫米。细管的一端是开口的，另一端由塞柱结构封口。塞柱的总长度约为20毫米，由两截棉线塞中间夹封口粉（化学成分是聚乙烯醇）组成。塞柱遇到水（精液）之后封口粉立即凝固成凝胶状，使该端管腔堵塞，起到“封口”作用。细管型冷冻精液的优点是标识、分装、冻结都可采用机械设备进行，且解冻后效果好于其他剂型，运输使用方便，易识别，不易污染。

目前，生产上普遍采用细管型冷冻精液分装机来分装。细管被等距离地水平排列在橡胶传送带上，传送到某一固定位置时，负责抽吸真空的一组针头(3支)和通过乳胶管抽吸精液的另一组针头（3支）分别同时插3支细管的棉线塞端和另一端（开口端)，使精液抽吸到这一组细管中，由于棉线塞端内的封口粉凝固，此端即被封口。完成此动作后，这一组细管又被传送到下一位置，在该位置细管的开口端被封口仪的封口部件产生的超声波进行瞬间封口并压扁。至此，细管两端全被封口。

细管型冷冻精液的冷冻采用液氮蒸气熏蒸法，这种方法是冷冻精液生产一直沿用的传统方法。根据冷冻时液氮蒸气的状态又分为静止的液氮蒸气熏蒸法和流动的液氮蒸气熏蒸法两种。生产上采用液氮蒸气熏蒸法冷冻细管型冷冻精液的设备大致有3种，即简易冷冻槽、大口径液氮罐、喷氮式冷冻仪。

2. 颗粒型冷冻精液 没有包装容器，是把处理后的精液直接滴冻成半球状颗粒的一种剂型，一个剂量一般为0.1毫升。缺点是不易标识，易受污染，优点是制作时不需复杂设备，占用储存空间很小。目前，颗粒型冷冻精液仍在部分地区生产和使用，但最终会被细管型冷冻精液替代。

颗粒型冷冻精液的常采用滴冻法冷冻。操作时用滴管把平衡后的精液滴在一个已预冷的平面上（在装有液氮的容器上置一铜纱网或聚四氟乙烯板，距液氮面1～3厘米)，滴完最后一滴，停3～5分钟后，当精液颗粒颜色变白时，立即浸入液氮并将全部颗粒取下收集于储精瓶或纱布袋内，并做好标记，然后立即移入液氮罐中储存。低温容器可采用5升的广口液氮罐、保温良好的金属小箱、铝锅或铝饭盒等。

3. 安瓿冷冻法 是将稀释好的精液，放入0～5℃冰水盆中，在此条件下用注射器分装于同温度的安瓿内（每安瓿1.0毫升）然后灭菌封口。将分装好的安瓿在0～5℃下平衡4～5小时。

经过平衡后的精液（安瓿），并排平放在带有把柄的铁纱网上，置于距离广口保温瓶中的液氮面2厘米（－120℃）处，停留5～7分钟，然后浸入液氮中。

（二）冷冻精液活率检查

检查颗粒型冷冻精液时，将预先配制好的1毫升2.9%柠檬酸钠溶液，放于干净的小试管中，置于40℃温水杯中，迅速取1粒颗粒型冷冻精液放入试管，轻轻摇动至化冻时（约20秒），由试管中取出，检查活率。对于细管型冷冻精液，可以把细管直接放入40℃温水中解冻。活率不低于0.35即认为合格。在带有保温箱或保温台（35～38℃）的显微镜下进行活率检查。安瓿冷冻精液的解冻比较简单，从液氮中取出安瓿，立即投入事先准备好的40℃温水杯中，待安瓿内精液融化一半时，立即取出轻微振荡，全融时可镜检和输精。

五、人工授精

（一）授精前的准备

1. 检精室　要求保持干净，经常用清水冲洗降尘，地面保持干净。室内陈设力求简单整洁，不得存放有刺激气味物品，禁止吸烟。除操作人员外，其他一律禁止入内。室温应保持18～25℃。

2. 优质精液的采购　采购精液时常用小型液氮罐（3升）作为采购运输工具。外购鹿精液时，要结合本场鹿群育种改良计划有目的地选购，要选优秀高产且育种值高的种公鹿，种公鹿的外貌评分优秀，父母的表现优良，其精液的质量优良，解冻后活率镜检达0.3以上，即可作为选购目标。

3. 冷冻精液的保管　为了保证储存于液氮罐中的冷冻精液品质，不致使精子活率下降，在储存及取用时应做到：一是按照液氮罐保温性能的要求，定期添加液氮，罐内盛装储精袋（内装细管型冷冻精液或颗粒型冷冻精液）的提斗不得暴露在液氮面外。注意随时检查液氮存量，当液氮罐中液氮剩1/3时，需要添加。当发现液氮罐口有结霜现象，并且液氮的损耗量迅速增加时，则是液氮罐已经损坏的迹象，要及时更换新液氮罐。二是从液氮罐取出精液时，储精提斗不得提出液氮罐口外，可将提斗置于罐颈下部，用长柄镊夹取精液，越快越好。三是液氮罐应定期清洗，一般每年一次。将储精提斗向另一超低温容器转移时，动作要快，储精提斗在空气中暴露的时间不得超过5秒。

（二）准确掌握授精适期

发情鉴定是鹿配种的基础，其关键在于如何准确掌握授精适宜时间。

母鹿是季节性多次发情动物，每年9月初进入发情季节，到11月末基本结束，一般经3～4个发情周期。发情鉴定要综合判断，既要看外表发情特征，又要结合直肠检查，才能准确掌握授精适期，提高受胎率，以达到预期的目的。其方法主要有两种：

1. 公鹿试情法 选择性欲强而又性情较温驯的公鹿，在锯完茸的6月，进行输精管结扎手术，可以在当年做试情公鹿；或者选择性欲强、性情温驯的公鹿，在配种期带上试情布，试情布规格：马鹿用长、宽各40厘米的方形布，梅花鹿用长、宽各30厘米的方形布，将其两个角拴上布带，系在公鹿髋骨肷窝下缘，当公鹿爬跨母鹿时，试情布可挡住阴茎，以不使其与母鹿交配。一般每个圈舍饲养20～25只母鹿为宜。可每天早晚各试情1次，每次30分钟左右。

判定母鹿发情的标准是：试情公鹿追逐并爬跨母鹿，母鹿也靠近公鹿，如母鹿站立不动接受公鹿爬跨即为发情盛期，即输精期。

2. 直肠触摸卵巢检查法 此法只适用于母马鹿的发情鉴定，母梅花鹿因直肠细小，术者手臂伸不进去，不能应用。触摸卵巢前，要保定好母鹿，术者剪短指甲，先用肥皂水洗净手臂，涂上温肥皂液，五指并拢呈锥形，缓缓排出宿粪，沿子宫颈、子宫体、子宫角轻轻地触摸直至触摸到卵巢，通过卵巢上有无卵泡，卵泡形状、质地、大小程度较准确地判定发育期。马鹿未发情时卵巢一般呈椭圆形、稍扁、硬而无弹性，大小一般为1.2厘米×1.0厘米×0.8厘米，个别的为黄豆粒大，在发情期间，卵巢上有卵泡发育，其成长过程由小变大，由硬变软，由无波动到有波动，虽然卵泡从出现到成熟排卵时间短，但各阶段发育形态比较明显，触摸时还是比较容易判断卵泡发育期别的。卵泡发育分为卵泡出现期、卵泡发育期、卵泡成熟期和排卵期。卵泡出现期：卵巢稍增大，小指肚大小，母鹿表现不安定。卵泡发育期：卵巢体积大如无名指肚大小，稍有弹性，母鹿尿频，拒绝爬跨。卵泡成熟期：卵巢如中指肚大小，卵泡壁薄有弹性，波动明显，此期母鹿接受爬跨，是人工授精的最佳时期。排卵期：卵泡破裂，卵巢凹陷，母鹿拒绝爬跨。母鹿卵巢排卵后，黄体形成并略突出于卵巢表面，呈扁圆形。此法判断母鹿是否发情准确可靠，但需要掌握一定技术。所以，最好采用公鹿试情法辅以直肠触摸卵巢检查法为最佳措施。

一般在发情母鹿卵泡成熟期到排卵前均可授精。外观上试情公鹿爬跨母鹿，母鹿不动接受公鹿爬跨。这段时间马鹿一般为12小时，梅花鹿为16小时左右。可在母鹿接受试情公鹿爬跨后8～10小时输精1次，也可在母鹿发情后6～12小时输精2次。

（三）人工授精的主要技术程序

目前，梅花鹿的人工授精常用直肠把握输精法。

1. 准备　首先，要将输精器具清洗消毒，输精器具消毒常用恒温（160～170 ℃）干燥箱。开膛器等金属用具可冲洗后浸入消毒液中消毒或使用前用酒精灯火焰消毒。输精器每只鹿每次用 1 个，不得重复使用。使用带塑料外套细管输精器输精时，塑料外套应保持清洁，不被细菌污染，仅限使用 1 次。

其次，解冻精液，并镜检精子活率。目前，常用精液制剂有两种，一种为细管型冷冻精液；另一种为颗粒型冷冻精液。细管型冷冻精液解冻时，可直接把细管放入 40 ℃温水中解冻。而颗粒型冷冻精液解冻时，通常把盛有解冻用稀释液（1～1.5 毫升 2.9％的两水柠檬酸钠）的安瓿放入 40 ℃温水中，再将颗粒型冷冻精液放入安瓿中。解冻后应镜检精子活率，确认合格后方可置入输精器备用。精液解冻后应立即使用，不可久置。

2. 母鹿保定和清洗消毒　输精前需将母鹿保定，对其后躯进行清洗消毒，保定方法有两种：①机械保定，可将母鹿拨入保定器内保定，个别母鹿可注射 2％静松灵 2 毫升，附加保定；②用鹿专用麻醉药麻醉保定，可让其在圈内卧倒，就地输精。母鹿外阴部清洗消毒，先用清水洗，接着用 2％来苏儿或 0.1％新洁尔灭消毒外阴部及周围，然后用生理盐水或凉开水冲洗，最后用消毒抹布擦干。另一种方法是用酒精棉球消毒阴门，待乙醇挥发后再用卫生纸或毛巾擦干净。

3. 直肠把握法输精操作步骤　输精员清洗消毒手及手臂，涂上肥皂，准备好输精器。将母鹿的外阴及尾根清洗干净、擦干。输精员一手五指合拢呈圆锥形，左右旋转，从肛门缓慢插入直肠，排净宿粪，寻找并把握住子宫颈口处，同时直肠内手臂稍向下压，阴门即可张开；另一手持输精器，经由阴道缓缓前伸并插入子宫颈管张口，通过子宫颈管内 4 个皱褶，将精液输入子宫颈深部或子宫体内，然后撤出输精器。输完精后，稍按压母鹿腰部，以防止精液外流。在输精过程中如遇到阻力，不可硬推输精器，可稍后退并转动输精器再缓慢前进。如遇有母鹿努责时，一是助手用手掐母鹿腰部；二是输精员可握着子宫颈向前推，以使阴道肌肉松弛，利于输精器插入。青年母鹿子宫颈细小，离阴门较近；老龄母鹿子宫颈粗大，子宫往往沉入腹腔，输精员应手握子宫颈口处，以配合输精器插入。输精完毕，再颈部注射鹿专用的苏醒药，3～5 分钟母鹿苏醒后自行起立。最后，将所用器械清洗消毒备用。

输精前应检查精子活率，冷冻精液的精子活率应为 0.3 以上，新鲜精液的精子活率在 0.6 以上，每粒（或支）冷冻精液含有效精子 1 000 万个以上。

输精枪的选择。选卡苏式输精枪给母鹿输精不易折断，尖端较细容易通过子宫颈管口做深部输精，精液在细管内不易被污染，输精确切、无倒流现象。如果使用颗粒型冷冻精液，可在解冻后经注射器将精液注入塑料细管内，再将其装入卡苏式输精枪内，剪去塑料细管多余部分，安上套管随即输精。

第四节 分 娩

一、分娩预兆

母鹿在分娩前，在生理和形态上发生一系列变化，这些变化被称为分娩预兆。根据对这些变化的全面观察，可以大致预计分娩时间，以便做好分娩前的准备工作。

1. 乳房变大 产前约 15 天，乳房迅速发育，腺体充实，因而乳房显著增大，乳头增粗。乳房上被毛稀少，皮肤由苍白变为粉红色。妊娠母鹿在临产前几天可从乳房中挤出黏稠的淡黄色液体，如能挤出乳白色的初乳时，即可在 1～2 天分娩。

2. 外阴部肿胀 临近分娩前数天，阴唇逐渐柔软、肿胀并增大，阴唇皮肤上的皱襞展平，阴道黏膜潮红，黏液由浓厚黏稠变为稀薄滑润。由于封闭子宫颈管的黏液栓软化，流入阴道并排出阴门外，因而有的鹿在分娩前 1～2 天，可见到从阴门流出透明、牵缕状黏液。

3. 骨盆部韧带松弛 骨盆部韧带在临近分娩的数天内变得柔软松弛。如位于尾根两侧的荐坐韧带后缘由硬变得松软，荐髂韧带也变得松弛，因此荐骨的活动性增大，由于骨盆部韧带的松弛，于分娩前 1～2 天尾根部两侧肌肉出现明显的塌陷现象，俗称“塌胯”。

4. 行为表现 母鹿产前起卧不安，出现腹痛症状。产前不采食，在圈舍内踱来踱去或围着墙转，即通常所说的“闹圈”。放牧鹿临产前都愿离群，寻找僻静之处。临产前有排尿频繁或举尾现象，不时仰脖回头观腹，有的鸣叫或低声呻吟。发现上述临产征状，母鹿即可在几小时内产仔。

二、分娩前胎儿在子宫内的状态

为了了解母鹿的分娩过程，必须先熟悉分娩时胎儿与产道的关系。

1. 胎位 是指胎儿背腹部和母体背腹部的对应关系。如果胎儿的背部朝向母体的腹部，即胎儿仰卧在子宫内，称为下位；胎儿的背部朝向母体的背部，即胎儿伏卧在子宫内，称为上位；胎儿的背部朝向母体的左右侧腹壁，称为侧位（左或右侧胎位）。鹿在妊娠后期，多取侧位状态，临产前由于子宫肌和腹肌的收缩，胎儿由侧位变为上位。

2. 胎向 是指胎儿的纵轴和母体纵轴的关系。如果胎儿的纵轴与母体的纵轴相平行，称为纵向：胎儿的纵轴与母体纵轴上下垂直，称为竖向；胎儿的纵轴与母体的纵轴近于水平交叉，称为横向。纵向是正常胎向，横向和竖向是反常的胎向。

3. 胎势 就是胎儿本身各部分之间的关系。各种动物的胎儿在子宫内的姿势多呈自在的收缩状态，即躯干微弯，四肢屈曲，头颈俯缩。临产前，由于子宫的阵缩和二氧化碳浓度的增加，刺激胎儿发生反射性挣扎，结果使胎儿由屈曲变为伸展状态。

4. 前置 是胎儿最先进入产道的部分。仔鹿如果正生，前肢和头前置；倒生，后肢和臀部前置。

三、分娩过程

分娩是母鹿借子宫和腹肌的收缩，把胎儿及其附属膜（胎衣）排出体外。分娩过程可以划分为3个阶段：即从子宫开始阵缩起到子宫颈口完全开张，称宫颈开口期。由于人难以接近鹿，不能检查子宫颈口的开张情况，因此有人认为，对于鹿，从开始阵痛至胎儿的前蹄出现，称为宫颈开口期。从前蹄出现至胎儿全部产出，称为胎儿产出期。从胎儿产出到胎衣排出，称为胎衣排出期。

1. 宫颈开口期 由于子宫的收缩，母鹿出现阵痛反应，表现为烦躁不安，时起时卧，继而努责，迫使胎儿和羊水向压力低的子宫颈方向移动，因而有助于子宫颈被动地开张，由于子宫收缩力量继续增强，迫使出现第1个水泡（一般为羊膜囊）。胎儿的前蹄与羊水泡同时出现，此时母鹿多为卧姿。宫颈开口期时间的长短，因分娩当天的环境、鹿的年龄、个体营养状况不同而有较大差异，一般为2～6小时。

2. 胎儿产出期 在产出期之前，胎儿先露部分已进入产道，由于阵痛加剧，母鹿表现强烈的努责，尤其是前蹄出现后至胎儿头部产出时，努责次数最多。这是因为头部是胎儿最宽的部分，需要强烈的努责才能产出，头部产出后，努责随即缓和。根据马德山等描述，当娩胎头时，母鹿努责最为频繁、强烈而持久，每次努责5～10秒，间隔1～2分钟。努责时母鹿侧卧，后肢向后伸展，有的鹿伴有痛楚的叫声，不努责时，多俯卧。头部娩出后，母鹿俯卧休息一会（3～5分钟），然后轻微努责2～3次，将胎儿肩部产出。肩部产出后则很快将胎儿全部排出，有的母鹿此时站起来，胎儿自行坠地。胎儿排出后自行断脐。仔鹿出生后，母鹿会立即舔它。

3. 胎衣排出期 胎儿产出后约30分钟，母鹿开始排胎衣。胎衣排出时，母鹿呈俯卧或站立姿势，没有明显的努责现象。首先见到的是尿膜囊突出阴门之外，不久便破裂，然后将其余的胎膜逐渐排出。多数母鹿在排出胎衣过程中用嘴拉出胎衣并将其吃掉，也有的母鹿待胎衣完全排出后再一起吃掉。胎衣全部排净的时间为0.5～3小时。

胎衣排出的机理，一方面，胎儿排出后，母体胎盘血液循环减弱，子宫黏膜腺窝的紧张性降低；另一方面，由于胎儿胎盘血液循环停止，胎儿胎盘绒毛缩小，所以胎儿胎盘很容易从子宫黏膜腺窝中脱落，这样胎儿胎盘与子宫胎盘剥离，为排出胎衣创造了条件。

四、分娩机理

一般认为，分娩的发动并非受一种因素作用，而是妊娠过程中许多因素同时作用的结果，其中可能有些因素重要一些，有些次要一些。

1. 机械刺激 妊娠后期，随着胎儿和子宫内容物的显著增大，子宫肌兴奋性和紧张性增强，当达到一定程度时，即可引起子宫反射性收缩而发生分娩。

2. 免疫学机理 从免疫学观点来看，妊娠时母体视胎盘为同质接体，到妊娠末期胎盘组织变性，造成子宫对该体的排异现象，于是发动分娩。

3. 神经机理 分娩的神经机理很复杂，生殖道的机械刺激，传到丘脑下部达于垂体后叶，由此产生催产素，使子宫肌收缩而发动分娩。

4. 激素的作用 妊娠末期，体液中雌激素浓度增加，削弱了孕酮对子宫兴奋性的抑制作用，而且在临产前孕酮水平已接近于零。这就有利于分娩的发动。在孕酮水平降低的同时，其他有关分娩的激素水平均增加。

综上所述，我们可以假设下列有关发动分娩的图像：当胎儿在子宫内增大时，使子宫肌伸展，并刺激子宫和子宫颈的感觉神经，这种刺激引起垂体后叶分泌催产素和提高雌激素的水平，同时胎儿产生肾上腺皮质激素的作用以及母体的松弛素、前列腺素等协同作用，使子宫肌兴奋性增强，使骨盆联合及其韧带松弛，子宫颈扩张，此时孕酮水平下降，解除了对子宫肌收缩的抑制作用，于是就排出胎儿。

五、产后期的生理变化

从胎衣排出到生殖器官恢复原状的这段时间，称为产后期。产后期生殖器官主要发生以下变化。

1. 子宫的复原 子宫是逐渐复原的。子宫壁由薄变厚，子宫角的长度和宽度逐渐回缩，容积几乎恢复到妊娠前的状态，子宫的黏膜表层发生变性、脱落，由新生的黏膜代替，子宫胎盘的蒂部趋于消失，肉阜恢复到原有的大小。对母牛组织切片的研究表明，在产后第6周末子宫在形态结构上已完成复原。母鹿子宫复原所需时间有待进一步研究。

子宫黏膜再生过程中，变性脱落的母体胎盘、白细胞、部分血液，以及残留的胎水、子宫腺分泌物等被排出，这种液体称为恶露。母鹿的恶露很少，1～3天即可排完，有相当多的母鹿见不到排恶露现象。如果恶露持续时间过长，则说明子宫内可能有病理变化。

2. 卵巢和阴道的变化 鹿的卵巢内，在妊娠末期就有发育的卵泡，黄体在分娩后很快被吸收。阴道、阴道前庭和阴门在产后几天内就可恢复原状。

第五节 鹿的育种方法

一、纯种繁育

纯种繁育指同一品种内公、母鹿之间进行交配繁殖的选育方法，其作用和目的是为保持和提高该品种的优良品质及生产性能，克服其缺点，增加品种内优良个体的数量。这种方法能保持一个品种的优良性状，有目的地系统选育，能不断提高该品种的生产能力和育种价值，所以无论在种鹿场或商品生产场都被广泛采用。但要注意，采用纯种繁育，容易出现近亲繁殖，尤其是规模小的鹿场，鹿群数量小，很难避免近亲繁殖，从而引起后代的生活力和生产性能降低，体质变弱，发病率、死亡率升高，茸重和体重下降等现象。为了避免近亲繁殖，必须进行血缘更新，即每隔几年应引进体质强健、生产性能优良、具有一致遗传性的同品种种公鹿进行配种，引进的种公鹿在体质、生产性能、适应性等方面应没有缺点。

国内许多鹿品种都是通过该方法培育而成的，为了扩大鹿群体数量，保持纯种特性，不断提高品质，需要有计划、有目的地开展纯种繁育工作。品系繁育是纯种繁育的重要方法，它不但可以避免近亲繁殖，防止品种退化，更重要的是可巩固和提高优良品种的特性。

1. 品系繁育 是纯种繁育最常用的一种方法，其最大的特点就是有目的地培育鹿群在类型上的差异，以使鹿群的有益性状继续保持并遗传给后代。这里所说的有益性状，不仅仅指生产性能，还包括生长发育、繁殖性能和适应性等。

在实际工作中，要想挑选十全十美的个体几乎是不可能的，但要从一大群鹿中挑选在某一方面具有突出表现的个体则相对容易得多。因此，可将在某一方面表现突出的个体类群，采用同质选配的方法，甚至可配合一定程度的近交，将此品种这方面的优良性状保持下去。如在一个品种内有计划地建立若干个各具特色的品系，然后通过品系间杂交，就可使整个鹿群得到多方面的改良。所以，品系繁育既可达到保持和巩固品种优良性状的目的，又可使这些优良性状在个体中得到结合。

建立品系的首要问题是培育和选择系祖。系祖公鹿必须具有卓越的优良性状，而且能将其本身的优良性状遗传给后代。否则，优良性状不突出，尤其是遗传性不稳定的公鹿，其后代不可能都具有突出的性状，因而不能作为系祖。尚未发现具备系祖特性的公鹿时，不应急于建系，应通过定向选配（如从种母鹿群或核心群中选出若干符合品系要求的母鹿与较理想的公鹿选配）的方式培育公鹿，并经后裔测定证明是最优者，方可作为系祖来建立品系。一般情况下，近交系数以不超过12.5%为宜。

有了优秀的系祖公鹿，就可与经严格选择的同质母鹿进行个体选配。这些同质母鹿必须符合品系的要求，并且要有一定的数量。一般建系之初的品系基础母鹿群至少要有100～150只成年母鹿。供建系用的基础母鹿数量越多，就越能发挥优秀种公鹿的作用。

品系建立后，为继续保持，要积极培育系祖的继承者，一般情况下品系的继承者都是系祖公鹿的后代。继承者也必须按照培育系祖的要求，经后裔测定证明确是性状优良的种公鹿。

品系的建立增加了品种内部的差异，使鹿群内的丰富遗传特性得以保持。建立品系的最终目的，是为了品系的结合（即品系间的杂交）。通过品系的结合，可利用品系间的互补遗传差异，增强品种的同一性，使品种内的个体更能表现出较全面的优良性状。

总之，品系的建立和品系的结合，是进行品系繁育的两个阶段，在育种过程中，这两个阶段可以循环往复，使品种优良性状不断得以改进和提高。

2. 近交　为了固定某些优良性状，采用亲缘关系较近的个体间进行选配的方式，称为近交。

近交能使鹿群中的某些基因在后代中得到一定程度的纯化。巧妙地利用近交，可获得意想不到的效果。有目的地采用近交，主要有以下作用：

（1）固定某些优良性状　在育种过程中，如果发现优秀的个体，可利用近交能使基因纯合这一基本效应，有意识地采用近交来固定其优良性状。近交能提高种鹿某些基因的纯度，在表型性状上可出现高产性能及优良的体型外貌。在品种固定阶段或在鹿群中固定某只种鹿的优良性状时，用近交可迅速达到预期的目的。

（2）暴露有害基因　既然近交能使基因纯化，那么也可使隐性的不良基因纯合而暴露出来，产生具有不良性状的个体。对证明有致死或半致死等不良基因的公鹿应停止使用，以便有效地减少鹿群中有害基因的频率和不良的遗传性状。

（3）保持优良个体的血统　通过近交可使优秀个体的血统长期保持较好的水平而不严重下降。因此，对某些优秀个体，为保持其优良性状，可有目的地采用近交方式。

（4）使鹿群同质化　近交使基因纯合，出现各种类型的纯合体，但也可造成鹿群的分化，如果注意严格地选择，就可得到比较同质的鹿群。这些鹿群之间互相交配，可望获得较明显的优势，而且后代较一致，有利于规范化饲养管理；另外，比较同质化的鹿群还有利于提高估计遗传参数和育种值的准确性，因而对选种有益。

（5）近交的不良后果　近交会给鹿群带来衰退现象，主要是指近交后代的生活力及繁殖力减退、生长发育缓慢、死亡率增高、体质变弱、适应性差、生产性能下降等现象。

为防止近交衰退现象出现，必须合理地应用近交，并严格掌握近交的程度。同时，要严格遵守淘汰制度，及时淘汰不良个体。

3. 顶交　用近交公鹿与无血缘关系的母鹿交配，称为顶交。目的是为了防止出现近交衰退现象，提高下一代鹿群的生产性能、适应性和繁殖效率。顶交还可在同一品种内出现杂种优势，因此可收到良好的效果。

4. 远交　指无血缘关系或血缘关系很远的个体之间的选配。远交的优点是可以避免近交衰退现象，在鹿群中很少出现生产性能和生活力极端不良的个体，也使一些隐性的有害基因得以掩盖而不起作用。远交也是亲缘育种中有计划地进行血液更新的一种方法。但是，在远交鹿群中生产性状的改进和提高较慢，也很少出现极优秀的个体，而且优良性状也不易固定。

二、杂交繁育

鹿的杂交可以改变基因型，把不同亲本的优良特性结合起来而产生杂种优势。杂交能加快遗传变异而有利于选种，因此在杂交过程中，要注意发现新变异，使其向有利的方向转化，并保持和发展下去。杂交是现代鹿育种的一种较快的方法，通过杂交可以综合两三个品种的优点，创造出新品种。据研究，亲缘关系较远的个体间杂交，它们的基因是优劣交错的，彼此可以长短互补，互相遮盖。因此，一般的杂种鹿都能表现出双亲的优点，隐藏双亲的缺点，使生产性能有较大提高。

（一）杂交育种的方法

1. 品种间杂交　就是不同品种公、母鹿个体间的交配，是最常见的杂交方法。可通过杂交来提高鹿群的生产性能或育成新品种。在我国，梅花鹿品种品系间进行的有计划的杂交，其茸重性状和繁殖成活率性状的杂种优势率非常显著，为鹿的优质高效育种、提高纯繁选育速度、杂种优势利用、杂交培育新品种和育种规划及模式提供了科学依据。

2. 种间杂交　也称远缘杂交或异种间杂交，它们的后代称为远缘杂种。是指不同种间公、母鹿的交配。这种方法在养鹿生产中已经应用，可以获得经济价值很高的鹿群和创建新品种。例如，我国采用本交或人工授精方法，采用东北梅花鹿与东北马鹿杂交、东北马鹿与塔里木马鹿杂交、东北马鹿与天山马鹿杂交、塔里木马鹿与天山马鹿杂交等，所生杂种一代都具有明显的杂种优势。

（二）杂交方式

按杂交的目的，可把杂交分成育种杂交和经济杂交两大类型。

1. 育种杂交

（1）级进杂交　又称改造杂交或吸收杂交，就是利用优良的高产品种改良低产品种，是最常用的一种迅速而有效的杂交方式。其特点是选择引入品种的优良公鹿与被改良品种的母鹿交配，所得杂种母鹿逐代与改良品种的不同公鹿回交，杂交后代中表现的性状符合理想时，可选择其中的理想型的杂种公、母鹿进行横交固定，来培育新品种。在育种和生产过程中，级进杂交代数不宜过高，一般为3～4代，即含外血75%～87.5%。加强杂交后代的饲养管理，提高营养水平，以便使杂种优势得到明显的表现。

（2）导入杂交　又称引入杂交或改良杂交，它是在保留原品种主要优良性状的同时针对原品种的某种缺陷或待提高的生产性能而采用的一种杂交。这种杂交的目的只是克服种群的个别缺点，不根本改变原品种的生产方向和其他特征及特性，当这种缺点用本品种选育法又不易得到纠正时，就可选择一个理想品种的公鹿与需要改良某个缺点的一群母鹿交配，以纠正其缺点，使鹿群趋于理想。若某种经济性状需要在短时期内尽快提高时也可采用这种杂交方式。

利用导入杂交克服原品种缺点时，正确选择改良品种很重要，必须选择一个生产方向与被改良品种相同，但又能矫正其缺点的优良品种杂交一次，所得杂交一代，含 1/2 导入品种血液，再将其与原有被改良品种回交一次，所得杂种二代含 1/4 导入品种的血液，这样通常可达到既不完全动摇和改变被改良品种的生产方向，又能克服或矫正其缺点的目的。但因含 1/4 外血对原结构的冲击性太大，可再与原品种回交一次，含 1/8 外血即可，一般导入外血的量不宜超过 1/8～1/4。

（3）育成杂交 是用 2～3 个以上的品种来培育新品种的一种方法。这种方法可使亲本的优良性状结合在后代身上，并产生原来品种所没有的优良品质。育成杂交可采取各种形式，在杂种后代符合育种要求时，就选择其中的优秀公、母鹿进行自群繁育，横交固定而育成新的品种。育成杂交在某种程度上有其灵活性。例如，在后代杂种鹿表现不理想时，就可根据它们的特征、特性与自然条件来决定下一步应采取何种育种方式。

2. 经济杂交 也称生产性杂交，两个品种杂交一次，所得杂种全部用于商品生产，其目的是为了利用杂种优势，获得具有经济利用价值的杂交后代，以增加商品鹿的数量和降低生产成本，提高经济效益。经济杂交包括两个或两个以上不同品种之间杂交、轮回杂交等多种方法。

（1）二元经济杂交 即两个品种或两个品系间的杂交。其杂交后代全部用于商品生产。

（2）三元杂交 即 3 个品种之间的杂交。把两个品种杂交得到的杂种母鹿与第 3 个品种公鹿交配。其后代为三品种杂种。三元杂交能充分利用杂种母鹿的杂种优势，又利用了三元杂种个体本身的杂种优势，使 3 个品种的优点互补体现在杂种后代身上。

（3）轮回杂交 指两个品种或三品种公、母鹿之间不断轮流杂交，使逐代都能保持一定的杂种优势。轮回杂交可以大量使用轮回杂种母鹿，只需引进少量纯种父本即可连续进行杂交。其特点是利用个体杂种优势和母本杂种优势。

第六节 鹿的选种与选配

一、选 种

选种的实质就是“选优去劣，优中选优”的过程。种鹿的选择，是从品质优良的个体中精选出最优个体，即“优中选优”。而对种鹿进行严格的普查鉴定、评定等级，同时及时淘汰劣等，则又是“选优去劣”的过程。在公、母鹿选择中，种公鹿的选择对鹿群的改良起着关键作用。

（一）种公鹿的选择

首先是审查系谱，其次是审查该公鹿外貌表现及发育情况，最后还要根据种公鹿的后裔测定成绩断定其遗传性是否稳定。

1. 按遗传性能选择 首先是审查系谱，根据祖先的情况，估测来自祖先的各方面的遗传性，选择祖先生产力高、性状优良、遗传力强的后代作为拟选种公鹿。对中选个体的后裔进行必要的考查，根据后裔测定成绩评定拟选种公鹿自身的遗传性，以做进一步选择。

通过系谱记录资料进行公鹿选择是比较公鹿优劣的重要途径。考查其父母、祖父母及外祖父母的性能成绩，对提高选种的准确性有重要作用。生产实践中多用3代，即父母、祖父母（包括外祖父母）、曾祖父母（包括外曾祖父母）。按系谱选择种鹿时应注意：其祖先越近对该鹿的遗传影响越大，越远则越小。

后裔测定是根据后裔各方面的表现情况来评定种公鹿好坏的一种鉴定方法，这是多种选择途径中最为可靠的选择途径。实践中，选择种鹿时，多以后裔测定和同胞测定的方法对所选公鹿做出推断，以确定其遗传品质。

2. 按生产性能选择 根据个体的鹿茸产量与质量来评定公鹿的种用价值。一般入选公鹿的产茸量应高于本场同龄公鹿平均单产的20%以上，在考虑茸重的同时不要忽视鹿茸的质量。虽然茸重决定公鹿的生产能力，但必须考虑公鹿茸重与实际生产力的符合程度，即鹿茸是否在与获得高质量产品相一致的生长阶段锯下来的。因此，各鹿场应根据本场的生产水平和公鹿数量，从中挑选出鹿茸产量高、质量好的公鹿作为种用。

3. 按体质外貌选择 公鹿体质外貌，不仅反映一个鹿群的类型特征，而且影响鹿茸生长。公鹿的产茸量高低受其体型大小、头额宽窄、脖颈粗细和茸型等多种因素影响。体大、颈粗、额宽和茸型角向适宜的鹿产茸量普遍好于体小、颈细、额窄和茸型角向不正常的公鹿。这说明体型外貌的好坏与产茸量的高低存在着一定的相关性。所以在选择产茸量这一性状过程中，可采用综合选择法，同时选择一些辅助性状。

理想的种公鹿必须具有该种类品种或类型的特征，表现出明显的公鹿型，体质结实，结构匀称，额较宽，前管围较粗，强壮雄悍，精力充沛，性欲旺盛，睾丸发育良好，茸角大茸型美观整齐，分枝发育良好，有坚强的骨酪和强健的肌肉，膘情为中上等。梅花鹿和马鹿的种公鹿大致要求如下：

① 皮肤与被毛。皮肤紧凑，富有弹性，毛色深，有光泽。

② 茸角特征。主干长圆，曲度适宜，各分枝与主干比例相称。梅花鹿茸应细毛红地，皮色鲜艳；东北马鹿茸则以细短毛、紫褐色地为好。

③ 头部。头方额宽，茸桩粗圆，角间距宽，粗嘴巴，大嘴叉，两耳灵活，眼大、眼神温和。

④ 颈部与躯干。颈短粗，头颈结合良好。前躯发达，结构良好。肩宽，背腰平直，腰角宽，肌肉丰满。

⑤ 四肢。筋腱发达，结实有力，前肢直立，后肢弯曲适度，四蹄坚实规整。

⑥ 生殖器官。睾丸发育良好，左右对称。

4. 按生长发育选择 按生长发育选种，主要是以体尺、体重为依据，其主要指标有初生重、6 月龄体重、12 月龄体重、日增重和第 1 次配种的体重，以及角基距、头深、胸围、体长、体高等体尺指标。

体重与鹿茸生长密切相关，在同龄鹿群中，体重大的往往鹿茸产量高，但体重随季节变化而变化，在参考体重选种时，必须考虑到称重时间。另外，角基距、头深、胸围等体尺指标在选种时应引起足够的重视。

5. 按年龄选择 种公鹿从 5～7 岁的壮年公鹿群中选择。个别优良的种公鹿可利用到 8～10 岁。种公鹿不足时，可适当选择一部分 4 岁公鹿作种用。

（二）种母鹿的选择

母鹿的好坏对后代生产性能的影响是不可低估的，因此在重视种公鹿选择的同时不可轻视种母鹿的选择。选择好母鹿对于提高繁殖力，增加鹿群数量，提高鹿群质量和后代生产力都至关重要。

对种母鹿的选择则主要根据其本身的生产性能或与生产性能相关的一些性状。此外，还要参考其系谱、后裔及旁系的表现情况。

种母鹿应从 4～7 岁的壮年母鹿中挑选。理想的母鹿，首先，应该是发情、排卵、妊娠和分娩机能正常，繁殖力高、母性强、性情温驯、泌乳器官发育良好、泌乳力强。其次，良好的母鹿应具有明显的母鹿特征，体型适宜，结构匀称，体质健壮，四肢强健有力，皮肤紧凑，被毛光亮，特别是后躯发达，肢形正常，蹄质坚实，乳房和乳头发育正常，位置端正，繁殖成绩良好，无流产或难产现象。同时，要注意选择那些与产茸性状有关的体质外貌性状，尽量挑选那些体大、额宽、颈粗、机体代谢旺盛的母鹿参加配种，以期后代在繁殖性能和生产性能上都有一定的提高。那些年老、体弱、有恶癖、体型欠佳、繁殖力低下，以及患有产科病、遗传性能不稳定的母鹿，一定不要选为种鹿。

（三）后备种鹿的选择

在繁殖育种上，后备种鹿必须从来自生长发育、生产力良好的公、母鹿的后代中选择。选择的仔鹿应该强壮、健康、敏捷。选择时要特别注意淘汰那些胸廓发育不好的和四肢不健壮的仔鹿，对那些吃初乳都需人工辅助或找哺育力强的母鹿代乳的仔鹿不留种，也不宜选择那些不好运动、四肢过长或过短的仔鹿。良好的仔鹿应该是有长的躯干、发达的骨骼和四肢、宽的胸部和臀部。

仔公鹿出生后翌年就开始生长出锥角茸（初角茸），锥角茸的生长情况与以后鹿茸的生长有一定关系，可以作为早选的一个依据，在选择后备种公鹿时应考虑锥角茸的生长情况。

二、选　　配

选配就是有意识、有计划地安排公、母鹿交配。也就是向着一定的育种目标和按照一定的繁育方法，根据种鹿本身的品质（如体质外貌、生长发育、生产性能等）、年龄、血统和后裔等多个方面，进行全面考虑，为种鹿选择最适当的配偶，以获得更理想的后代。其目的是充分发挥优良种公、母鹿的作用，以获得良好的后代，不断提高鹿群品质、生产性能。选配是在选种的基础上进行的，其目标必须与育种目的、繁育方法相一致。

（一）选配类型

1. 品质选配　主要指体质外貌、生产性能等品质改进与提高的选配。根据育种阶段与生产实践中要求的不同，品质选配又分为同质选配与异质选配。

（1）同质选配　就是选用体型外貌和生产性能相近，且来源相似的公、母鹿进行交配，以期获得相似的优秀后代。同质选配的目的是增加后代中优良纯合基因的数量，使后代鹿群的遗传性趋于稳定，从而提高其种用价值和生产性能。因此，同质选配绝不允许有共同缺点的公、母鹿进行交配，以避免隐性不良基因的纯合和巩固。在鹿育种和生产中，为了保持纯种公鹿的优良性状，或经一定导入杂交后，出现理想的个体需要尽快固定时，采用同质选配。但如长期采用同质选配，会造成鹿群遗传变异幅度下降，有时甚至会出现适应性和生活力降低现象，因此在育种策略上应避免长期采用同质选配。

（2）异质选配　就是选择体型外貌和生产性能不相同的公、母鹿进行交配，目的是使选配双方有益品质结合，使后代兼有双亲的不同优点。也可选用同一性状但优劣程度不同的公、母鹿相配，以期改进不理想的性状。异质选配可以综合双亲的优良性状，丰富鹿群的遗传基础，提高鹿群的遗传变异度，同时也可以创造一些新的类型。但异质选配在使优良性状结合的同时，会使鹿群的生产性能趋于群体平均数。因此，为保证异质选配的良好效果，必须严格选种并坚持经常性的遗传参数估计工作。

2. 亲缘选配 主要指公、母鹿双方的血缘关系，一般要求无血缘关系或血缘关系较远，近亲交配常常为后代带来不同程度的影响。

采用亲缘选配时：一是对最杰出的个体才采用亲缘选配；二是进行亲缘选配前，须仔细研究选配公、母鹿的品质，对品质卓越的种公鹿所选配偶的品质在一定程度上应与其相接近，还要注意公、母鹿之间无相同的缺点，且要与品质选配相结合；三是要加强饲养管理；四是鹿对近交的不良影响比较敏感，因此在近交选配时，要注意选配的其他条件；五是对拟近交的种公、母鹿，最好进行异环境的培育，将它们放在不同地区，或在同一地区，日粮类型和小气候不同，这样既可减轻亲代的有害影响，又能使双亲间保持一定的异质性和较高的同质性。

3. 年龄选配 由于父母的年龄能影响后代的品质，故在选配时要适当注意年龄选配。正确的选配年龄是壮年配壮年，这是最理想的形式，老年的种鹿如无特殊价值，应予淘汰；有繁殖能力的老年母鹿，应配以壮年公鹿；有特殊价值的种公鹿，应尽量选配壮年母鹿。青年种公、母鹿，都应配以壮年公、母鹿。当其与品质选配或亲缘选配发生矛盾时，则必须服从品质选配和亲缘选配，并以品质选配为主。

4. 等级选配 选配时，要考虑公、母鹿的等级情况。等级选配时一般遵循下列原则：

（1）任何情况下，母鹿不能与低于其总评等级的公鹿交配。最高等级（如特级）的母鹿，应与最高等级的公鹿交配。

（2）低于最高等级以下各等级的母鹿，必须与比其等级高的或起码是同等级的公鹿交配。与最高等级的公鹿交配效果更好。

（3）等级选配只是一种选配方法，不可绝对化，必须与品质选配相结合，同时还要考虑亲缘和年龄的情况。

（二）选配计划的制订和实施

选配有个体选配和群体选配之分。个体选配就是按照每只母鹿的特点与最合适的优秀种公鹿进行交配。群体选配是根据母鹿群的特点选择多只公鹿，以其中的一只为主、其他为辅的选配方式。在选配和制订选配计划时，应遵循以下基本原则：

（1）要根据育种目标综合考虑，加强优良性状，克服缺点。

（2）个体选配，要选择亲和力好的公、母鹿进行交配，应注意公鹿以往的选配结果和母鹿半同胞姐妹的选配结果。

（3）公鹿的遗传素质要高于母鹿，有相同缺点或相反缺点的公、母鹿不能选配。

（4）不可随意近亲交配，育种工作中必须使用近交时，要有计划有目的地进行。

（5）搞好品质选配，根据具体情况选用同质选配或异质选配。即用同质选配或加强型选配巩固其优良品质；用异质选配或改进型选配改进或校正不良性状和品质。

为制订好选配计划，必须了解和搜集整个鹿群的基本情况，如品种、种群和个体历史情况，亲缘关系与系谱结构、生产性能上应巩固和发展的优点及必须改进的缺点等；同时应分析鹿群中每只母鹿以往的繁殖效果及特性，以便选出亲和力最好的组合进行交配。要尽量避免不必要的近交与不良的选配组合。选配方案一经确定，必须严格执行，一般不应变动。但在下一代出现不良性状或公鹿的精液品质变劣、公鹿死亡等特殊情况下，须做必要的调整。

第七节　种鹿的选择

一、种鹿的体质外貌特征

（一）种公鹿的体质外貌特征

1. 梅花鹿种公鹿体质外貌特征　具有种的特征，明显的公鹿悍威。体质健壮、结实，精力充沛，性欲旺盛，体型匀称，体躯结构良好，有坚强的骨骼和强健的肌肉，茸角粗长，特别是顶端粗圆肥大，茸形美观、标准等，具体要求如下。

（1）皮肤与被毛　皮肤紧凑，富有弹性；被毛有光泽，冬毛呈灰褐色，由柔软纤细的绒毛和略长整齐的粗毛组成；夏毛鲜艳美丽，体侧呈赤褐色，有大的白斑，除靠近背线两侧具有较规则的行列外，有3～4行不规则的白斑。臀斑呈白色，周边围绕着黑毛。

（2）头部　头型具有种的特征。头呈楔形，轮廓清晰明显；额宽，角基粗圆、端正，角基距窄，面部不瘠瘦；眼大明亮；鼻梁平直；耳大灵活，内侧有柔软的白毛，外部被毛稀疏；泪窝开闭正常；嘴巴粗，口裂长。

（3）鹿茸　初角茸圆润、丰满，茸体粗壮，茸毛短，茸皮呈粉红色；骨化的椎角尖锐、无枝杈；上锯后鹿茸细毛红地，无长沙毛；茸的主干粗长上冲，短眉枝，分枝发育良好，分岔处圆、平、无皱褶；茸的左右枝对称。以“四衬全美”

者为佳。骨化的成角具有种的特征，枝杈排列适当，结构良好。

（4）躯干 颈短粗并与头衔接良好，肩部结合良好，皮肤无皱褶；肩宽适宜，丰满广平；胸宽而深；腹围大；背部和腰部平直，结合良好；腰角宽而明显，荐部平宽，肌肉丰满，臀部丰满；尾长。

（5）四肢 强健有力，粗壮，端正，蹄坚实、规整，肢形良好，非X形腿。

（6）外生殖器官 发育良好，无缺陷、无疾患。精液品质良好。

2. 马鹿种公鹿的体质外貌特征 具有种的特征，明显的公鹿悍威，体质健壮、结实，体型匀称；鹿茸主干粗长，嘴头肥大，茸形规整；性欲旺盛。具体要求如下。

（1）皮肤与被毛 皮厚有弹性，较难拉起，皮脂腺分泌旺盛；被毛有光泽，冬毛为淡灰色（天山马鹿）或淡灰褐色（东北马鹿），绒毛柔软纤细，粗毛齐整。夏毛为鲜艳华美的灰黑色（天山马鹿）或灰白色（南疆塔里木马鹿）或褐色（东北马鹿），毛色具有其种类特征。

（2）头部 具有该种类特征。轮廓清晰明显；额宽，颜面较长，鼻梁宽直、中部稍隆起，唇宽坚，口角长深、大嘴岔，耳长灵活，眼大稍隆凸。角基粗圆端正、角基距宽；初角茸粗壮；茸角主干粗长肥大上冲，嘴头粗长，短眉枝，各枝齐全、发育良好，分生部位和弯曲度、伸向适宜，结构良好，具有种的典型性。

（3）躯干 颈与头和肩胛部衔接良好，皮肤无皱褶。肩胛高平或有肩峰（南疆塔里木马鹿），胸宽深，肩胛后方无显著凹陷，躯干中部粗圆强壮，背和腰部宽、平、直。荐部长、高、宽，无斜尻，臀部丰满。尾短粗。臀斑呈较大面积的淡黄色（东北马鹿）或白灰色（新疆马鹿），臀斑周边环绕黑毛。

（4）四肢 粗壮、坚实强健，与躯干衔接良好，蹄大端正。

（5）外生殖器 正常，无隐睾，无包皮炎，生长发育良好。

（二）种母鹿的体质外貌特征

从遗传和育种的角度来说，无论公鹿或母鹿对后代的遗传基础各提供1/2的信息。这样，种母鹿的好坏对后代产茸水平的影响也不可低估。实际上，种母鹿的遗传基础直接或间接地影响着后代的生产力水平。因此，正确选择种母鹿，不论是对提高种母鹿的繁殖成活率，迅速增加鹿群数量，还是对提高后代的生产水平都是非常重要的。

1. 梅花鹿种母鹿的体质外貌特征 具有本种母鹿的良好特征，体型适宜，全身结构匀称，体质结实，体格发育良好，四肢强健有力，皮肤紧凑，被毛光亮，被毛颜色以深赤褐色为佳；后躯发达，胸围和腹围较大；乳房和乳头发育正常，位置端正，以乳房大者为佳，无盲乳头；母性强；四肢粗壮，肢形端正，蹄坚实，尾正常，外阴不裸露。不跛蹄，性情温驯，眼大、眼神温和，头颈清秀、健美。

2. 马鹿种母鹿体质外貌特征 具有本种特征。良好的母马鹿应体型粗壮；体质健壮；胸围和腹围较大，乳房明显膨大（哺乳期），乳头端正；母性强；被毛光亮，后躯明显发达；四肢强健，蹄坚阔；眼大、眼神温和，耳大灵活，口角深，尾正常，外阴裸露。东北马鹿和天山马鹿有黑背线者和毛色深者为佳。

二、体重体尺

（一）种公鹿的体重体尺

按体重体尺来选择种公鹿及评定其等级标准很有意义。其中，体重尤为重要。因为体重大小与产茸量的高低呈正相关，体重大的一般产茸量也高。在同年龄鹿群中，鹿的体重差异很大，即使是同产次的又在同一饲养管理条件下的一群鹿，其体重也有较大差异。这表明其中能达到较大体重的鹿不仅遗传基础好或呈现出体效应，而且较好地适应了生活环境条件，往往能生产出较重的鹿茸。所以，选择种公鹿时须考虑鹿的体重指标。鹿的体重随季节的变化而有明显变化，必须考虑称重的方法和时间。一般在收茸保定器过道里安装地秤，公鹿锯茸时使之在过秤处停留 2～3 分钟称测。体尺的测定较困难，一般有 3 种方法：一是在保定器里或过道里测定；二是把鹿进行保定，给其用药，使其处于半麻醉状态时站立测定；三是对驯化较好的鹿可在自然状态下测定。

1. 梅花鹿种公鹿的体重体尺

（1）梅花鹿种公鹿的体重体尺见表 3－3。

（2）双阳梅花鹿种公鹿的体重体尺见表 3－4。从表 3－4 中可见，体尺指标中体长值大于体高值，管围值很高，这是培育型的典型特征，与其他类型梅花鹿或东北梅花鹿不同。

表 3－3 梅花鹿种公鹿的体重体尺

等级	体重（千克）	体尺（厘米）				
		体高	体长	胸围	胸宽	角基围
特	140	115 以上	115 以上	125 以上	19 以上	21 以上
一	130	112	111	121	18	20
二	120	105	105	116	16	17
三	110	101	100	111	15	15

表 3-4 双阳梅花鹿种公鹿的体重体尺

项目	体重（千克）	体尺（厘米）								
		体高	体长	胸围	胸深	头长	头宽	管围	尾长	角基距
平均数	135	106	108	117	47	35	16	12	16	4.24
选择差	4	5	5	6	2	1	0.3	0.2	2	0.75
变异系数（%）	3	5	5	5	4	3	2	2	13	18

2. 马鹿种公鹿的体重体尺

（1）东北马鹿种公鹿的体重体尺见表 3-5。

（2）天山马鹿的体重。据曹凤桐等报道，天山马鹿公鹿体重（283±40）千克（4～9 岁）。

表 3-5 东北马鹿种公鹿的体重体尺

［引自《东北马鹿种鹿》(GB 6936—1986)］

等级	体重（千克）	体尺（厘米）		
		体高	体长	胸围
特	275	137	136	158
一	265	133	132	154
二	255	129	128	149
三	240	125	124	140

（二）种母鹿的体重体尺

按体重体尺选择种母鹿及评定其等级标准也有很大意义。其中，体重的大小与其繁殖力及仔鹿的初生重大小和成活率、生长发育之间都有一定关系，但这方面的工作做得较少，今后应加强。母鹿的称重时间应避开生产期，8 月至 9 月上旬较为适宜。在称测体重的同时可测定体尺指标。

1. 梅花鹿种母鹿的体重体尺

（1）梅花鹿种母鹿体重体尺见表 3-6。

表 3-6 梅花鹿种母鹿的体重体尺

等级	体重（千克）	体尺（厘米）			
		体高	体长	胸围	额宽
特	90	100 以上	96 以上	110 以上	18 以上
一	85	98	92	105	14

（续）

等级	体重（千克）	体尺（厘米）			
		体高	体长	胸围	额宽
二	75	93	87	100	13
三	70	90	84	97	12

（2）双阳梅花鹿种母鹿的体重体尺见表3-7。

表3-7 双阳梅花鹿种母鹿的体重体尺

项目	体重（千克）	体尺（厘米）							
		体高	体长	胸围	胸深	头长	头宽	管围	尾长
平均数	73	91	97	96	37	331	3.3	9.8	14.3
选择差	6	3	3	2	1	1	0.4	0.3	1
变异系数（%）	8	3	3	2	3	3	3	3	7

2. 东北马鹿种母鹿的体重体尺 见表3-8。

表3-8 东北马鹿种母鹿的体重体尺

等级	体重（千克）	体尺（厘米）			
		体高	体长	胸围	额宽
特	225	125	118	148	21
一	215	122	114	114	20
二	205	19	110	140	19
三	200	116	108	136	18

三、年龄选择

种鹿的年龄选择主要是指种公鹿的年龄选择。对于种母鹿，以往只要有繁殖能力，不论年龄大小，均可参加配种。种公鹿的年龄选择因鹿的种类、繁育目标不同而有所不同。梅花鹿、塔里木马鹿比东北马鹿或天山马鹿的初配年龄早1～2年。特级种公鹿应是经过配种的壮年鹿，所以年龄一般都较大。一般梅花鹿种公鹿应选择4～7岁，并以5～6岁为主，个别优秀的个体可延长到8～9岁。马鹿种公鹿应选择5～8岁，但为了提高繁殖力往往选择3～4岁的。现将国内典型鹿场梅花鹿的年龄选择情况进行统计，见表3-9，供参考。从表3-9可见，双阳区第三鹿场和西丰县育才鹿场4～7岁（2～5锯）梅花鹿种公鹿占所有种公鹿数量分别为84.1%和82.5%，而西丰县谦益参茸场4～6岁鹿为84.2%。这表明，这3个鹿场均是以4～7岁或4～6岁鹿为主。同时表明，近年来一些鹿场种公鹿的年龄有越来越小的趋势。

从种公鹿的年龄结构看，4～8岁的利用占95%，这表明，该年龄段是其选种的最佳年龄。种母鹿群年龄结构对生产的影响也很大。梅花鹿最佳利用年龄是4～8岁，但在生产上却容易被忽视。

表3-9 梅花鹿种公鹿的年龄组成

单位	年度	只数	项目	年龄（岁）								
				3	4	5	6	7	8	9	10	11
双阳区第三鹿场	1972—1987	321	只数	1	38	71	85	76	35	13	1	1
			占比（%）	0.3	11.8	22.1	26.5	23.7	10.9	4.0	0.3	0.3
西丰县育才鹿场	1988—1990	40	只数		2	10	14	7	5	2		
			占比（%）		5.0	25.0	35.0	17.5	12.5	5.0		
西丰县谦益参茸场	1990	19	只数	2	5	8	3		1			
			占比（%）	10.5	26.3	42.1	15.8		5.3			

四、生产性能选择

按生产性能选择，公鹿主要是产茸性能。即标准头茬茸鲜重及其干重指标的高低。母鹿主要是繁殖性能，即繁殖力指标。种鹿一般都应从育种核心群中选出，而不从生产群和淘汰群中选，但生产群中特别突出的也予以考虑。

（一）公鹿生产性能的选择

1. 产茸性能的选择 主要包括生产茸鲜重和干重、茸的鲜干比例、茸型、茸色、脱盘时间、茸生长日期、再生茸产量等项。对于梅花鹿和马鹿种鹿的选择，应根据鹿年龄与茸产量的线性回归方程进行，一般种公鹿单产应高于同龄群，3～4锯应高出60%左右；6～7锯应高出20%左右。各锯平均水平应高于生产鹿群平均水平的35%～43%。同时，应注意选择干重大，即茸的鲜干比例较小、茸形美而规整，主干粗、长、圆，上部较粗，嘴头肥大，眉二间距或眉冰间距大的。马鹿眉枝或冰枝不宜粗大；茸色应鲜艳，对各种类型来说细毛红地为好；脱盘时间集中于脱盘盛期，而茸的生长天数又较长，再生茸产量也高的壮龄鹿。我国一些省份的鹿场在选择种公鹿产茸量时，指标相当高，效益显著。吉林省双阳区第三鹿场的双阳梅花鹿和辽宁省西丰县育才鹿场的西丰梅花鹿，其种公鹿产茸量、茸重的选择差，种公鹿比同龄群公鹿茸重高35%以上，2～4锯鹿平均达 40%以上。

2. 性行为和配种能力的选择 根据性行为选择种公鹿，在养鹿生产实践中显得日益重要，对于经配的、驯化较好的马鹿尤显重要。为了人、鹿安全，设备不受损害，便于饲养管理，提高繁殖效果，选择的种公鹿应性行为正常，无恶癖，不顶伤人，性欲旺盛，爬跨和交配能力强，在配种高峰日也可交配 3～5 只母梅花鹿或 2～3 只母马鹿，且体型强悍。

（二）母鹿生产性能的选择

母鹿的选择主要看其繁殖情况的好坏。选择项目主要包括发情、排卵、妊娠、分娩、泌乳正常，繁殖力高，母性强，无恶癖，性情温驯，不惊不炸，不弃仔，乳房膨大，泌乳力强，产仔早，多产公仔，仔鹿初生重大。

Chapter 4 第四章

鹿的饲养管理

第一节 鹿的营养物质需要

一、各种营养物质的作用

鹿的营养物质有蛋白质、糖类、脂肪、矿物质、维生素和水六大类。

（一）蛋白质的作用

（1）蛋白质是鹿机体的重要组成部分，是构成体组织、体细胞的基本原料。肌肉、神经、结缔组织、皮肤、血液等均以蛋白质为基本成分。蛋白质是各种酶、激素、抗体等活性物质的组成成分。机体借助这些物质调节体内新陈代谢。

（2）蛋白质是修补体组织的物质，鹿体组织器官的蛋白质通过新陈代谢不断更新。一般机体全部蛋白质经过6～7个月，就有半数更新。因此，休闲的鹿只也应供给必需的蛋白质。

（3）蛋白质可以代替糖类及脂肪产生热能，在鹿体内当供给热能的糖类和脂肪不足时，蛋白质也可以在体内分解，氧化释放热能以补充糖类及脂肪的不足。多余的蛋白质可转化为脂肪储存起来，以备营养不足时重新分解，供应鹿的热能需要。

（4）蛋白质是构成鹿产品的重要成分，奶、肉、茸、毛等产品主要成分是蛋白质。

（二）糖类的作用

（1）糖类是构成鹿体组织的重要成分，也是细胞中核酸的组成部分。

（2）糖类是体内热能的主要来源，动物主要依靠其氧化分解供应热能以满足生理上的需要。如维持体温、心脏跳动、肺的呼吸、胃肠蠕动、血液循环和肌肉活动等。

（3）糖类可转变成糖原和脂肪作为营养储备。鹿体能量满足需要以后，多余的葡萄糖缩合成糖原，储存在肝和肌肉中，其量可高达体重的2%。在饥饿时可迅速水解而动用。

（4）糖类是合成乳脂和乳糖的原料。

（5）糖类可作为合成非必需氨基酸的原料。

（三）脂肪的作用

脂肪是构成鹿体的重要成分，如神经、肌肉、血液和骨骼等都含有脂肪，主要是脑磷脂、卵磷脂。细胞膜和细胞质中也都含有脂肪。脂肪是鹿只生产和修补组织所不可缺少的物质。

脂肪是供给机体热能和储备能量的物质，这是其主要功能。其含能量高，如1克脂肪含能量为9.40千卡*；1克糖类含能量为4.15千卡；而1克蛋白质含能量为5.65千卡，脂肪是糖类含能量的2.27倍，是蛋白质含能量的1.66倍。

（四）矿物质的作用

矿物质是鹿体内的无机养分，其总量仅为体重的3%～4%。按饲料中的浓度和鹿的需要量可将其分为常量元素和微量元素两大类。常量元素是指畜体内的需要量较大占日粮干物质量的0.01%以上，如钙、磷、钠、钾、氯、镁等。微量元素是指畜体内的需要量占日粮干物质量的0.01%以下，如铁、铜、锰、锌、碘、硒等。矿物质的作用：①构成体组织和体细胞，特别是构成骨骼的重要组成部分，有些矿物元素还是体内的一些酶、激素与某些维生素的组成部分。②可调节体液（血液、淋巴液）渗透压的平衡与稳定，以保证细胞获得营养。③影响其他物质在体内的溶解度。如胃液中的盐酸可溶解矿物质以便机体吸收等，矿物质在体内不能互相代替，日粮中矿物质不足或缺少时，即便其他营养物质满足，也会降低畜禽生产力，影响健康生产和繁殖。但如果过高则会发生中毒，同样对机体有影响。

1. 常量元素

（1）钙、磷　钙除作为骨骼的成分之外，对维持神经和肌肉组织的正常功能起着重要作用，血液中钙离子浓度高于正常水平时将抑制神经和肌肉的兴奋性；反之，神经和肌肉的兴奋性增强。磷还是核酸的结构物质。磷与蛋白质结合成为细胞膜的组成部分。磷与钠、钾共同维持血液中pH恒定。当日粮中缺钙或钙、

* 卡为非法定计量单位。1卡=4.1840焦。——编者注

磷比例不当时，则发生骨化现象，仔鹿易患佝偻症，生长发育缓慢，成年鹿易患骨质疏松，尤其是鹿茸骨质疏松，重量轻；如果钙、磷过量，鹿茸会早期骨化，易提早穿尖，缩短生长时间；钙、磷不足，易出现咬毛症。钙、磷比例应是(1.5～2)∶1。但有时即使钙、磷满足了要求，但由于钙、磷比例不平衡，维生素D供给不足，也会影响吸收，通常养鹿场缺磷较为严重。骨粉、磷酸氢钙以及脱氧磷酸盐是较好的含磷饲料。

(2) 钾、钠、氯　这3种元素主要分布在体液和软组织中，主要作用是维持渗透压、酸碱平衡和水的代谢。

2. 微量元素

(1) 铁　鹿体中有90%的铁与蛋白质结合存在于血液中，铁是合成血红蛋白的原料，血红蛋白是体内氧气的载体，可以将氧气运输到细胞组织。实践中，仔鹿缺铁现象明显时应给予补饲。

(2) 铜　铜是体内多种酶的重要组成成分。由于铜是必需微量元素，动物对植物中的铜的吸收率低，所以应予以补充。

(3) 钴　饲料中缺钴则维生素 B_{12} 合成受阻。主要表现为食欲不振、消瘦、贫血等。反刍动物对钴的需要量多，较为缺乏，故应适当补钴。

(4) 锌　锌是鹿体多种酶的必需组成部分和激活因子，参与代谢过程，锌还是精子构成成分。缺锌会严重影响公鹿的繁殖性能，也妨碍茸的生产。

(5) 锰　脂肪代谢、蛋白质合成等都需要锰参与。尤其是仔鹿，缺锰时仔鹿表现为站立困难。

(6) 碘　碘是甲状腺素的组成部分。对新陈代谢速度的调节起重要作用。并参与几乎所有物质的代谢过程。缺碘或碘过多，对生长、泌乳、产茸、仔鹿成活率、饲料转化率均有不良影响。国外奶牛饲养中补碘已成为一项常规措施。

(7) 硒　硒是谷胱甘肽过氧化酶的主要成分。硒能刺激免疫球蛋白抗体的产生，增强机体对疾病的抵抗力。缺硒可发生白肌病；缺硒动物容易突然死亡；缺硒公畜精子畸形率高，母畜不易受胎。

据调查，我国的东北、西北、西南等地区的十几个省为缺硒地区，河南省大部分地区是低硒或缺硒地区。但硒过多易引起中毒，如湖北的恩施、陕西的紫阳地区是富硒地区，常有动物出现硒中毒。

(五) 维生素

维生素是维持动物生理功能所必需的而需要量又极微的一类有机物质，它既不是构成机体的原料，也不是供应能量的物质，但它调节和控制着机体的生命活动和各种新陈代谢活动。维生素的一般营养作用是预防疾病，增强神经系统、血管、肌肉和其他系统的机能，保证机体正常生长、繁殖、产茸。根据维生素的物理性质，即在脂肪和水中的溶解度将其分为两大类：脂溶性维生素和水溶性维生素。脂溶性维生素有维生素A、维生素D、维生素E、维生素K。水溶性维生素有维生素B_1、维生素B_2、维生素B_6、泛酸、烟酸、维生素B_{12}和维生素C等。除维生素B_{12}外水溶性维生素都不能在体内储存。为防止维生素缺乏症，必须及时供给鹿只所需的各种脂溶性维生素和水溶性维生素。

1. 脂溶性维生素

（1）维生素A　又名抗眼病维生素，具有保护机体黏膜上皮组织，尤其是呼吸道、生殖道、眼结膜以及皮肤的健康。一旦缺乏维生素A，器官上皮组织会角化，并发生消化不良、下痢、气管炎、皮肤干燥、眼结膜及眼角膜发炎。维生素A具有维持神经系统功能正常，维持正常的繁殖力，促进生长等作用。维生素A的前体是胡萝卜素，1毫克胡萝卜素对鹿来说约折合400国际单位维生素A。

（2）维生素D　称为抗佝偻病因子，它能促进钙、磷的合理利用。缺乏时，动物易患佝偻病、骨软症。日粮中缺乏维生素D则钙、磷不能很好地被利用。

（3）维生素E　又称抗不育维生素，它在体内可以有效地防止易氧化物质被氧化，公畜缺乏维生素E时，睾丸发育不良，精子受精能力差，母畜妊娠中途流产或胚胎被吸收或早期形成死胎。维生素E与硒有协同作用，二者同时补加，效果会更好。

（4）维生素K　具有血液凝固作用。天然维生素K有维生素K_1和维生素K_2两种，人工合成的维生素K为甲基萘醌，称维生素K_3。维生素K_1主要存在于青绿植物中，维生素K_2主要存在于微生物体。维生素K缺乏时，凝血时间会延长，鹿消化功能紊乱或长期使用抗生素会抑制肠道微生物对维生素K的合成，仔鹿腹泻时常会引起胃肠道黏膜出血，粪便会有黑红色血液，治疗时应补充一定量维生素K。

2. 水溶性维生素　鹿的瘤胃内有纤毛虫和细菌，能生产B族维生素，而对维生素A、胡萝卜素及维生素C有部分的破坏作用。近年来，饲喂鱼粉对公鹿增茸有明显效果。原因是鱼粉内含维生素B_{12}和钴元素，特别是前胃机能尚未发育的哺乳仔鹿和断奶仔鹿，补充维生素B_{12}非常有必要。

（六）水

水和空气对动物机体需要的重要性一样。脑缺氧，动物若干秒猝死。动物绝食，可以消耗几乎全身的脂肪、50％蛋白质或者失去40％的体重仍可维持生命，但若是脱水5%即感不适，食欲减退，脱水10%后生理失常，脱水20%即可死亡。

水的功能：

（1）参与机体内生化反应，保证机体新陈代谢的进行。

（2）水是体内重要的溶剂，参与各种营养物质的消化、吸收、转化、运输，以及代谢产物的排泄等。

（3）调节体温、滑润关节、维持组织器官的形态。

梅花鹿在夏季每昼夜需水10升左右，马鹿需15升左右。冬季可减少一半。另外，水具有很高的蒸发热（每克水在37℃完全蒸发可吸热600卡左右的热量），蒸发少量的汗，就能散发大量的热。夏季南方的鹿场应设有喷雾装置，以便向地面洒水降温。冬季北方的鹿场应在圈内运动场设水锅，通过加热的方式保证水不结冰，让鹿昼夜自由饮水。

二、能量与鹿的营养

（一）鹿的机体能量来源

鹿的生产活动都需要消耗能量。机体所需的能量来源于饲料中的三大有机营养物质：糖类、蛋白质和脂肪。而最主要的来源是糖类中的纤维素和半纤维素。三大有机营养物质在测热器中测得的热量平均值为：糖类，4.15千卡/克；蛋白质，5.65千卡/克；脂肪，9.40千卡/克。

糖类和脂肪在体内氧化产生的热量等于测热器中实测的值。因蛋白质在体内不能充分氧化，部分形成尿素、尿酸等随尿排出体外，故每克蛋白质在体内氧化比燃烧时产生的热能约少1.3千卡。

（二）饲料能量在体内的转化

饲料在畜体外完全燃烧时所产生的热能称为总能，动物采食后，一部分饲料中未消化的物质，作为粪便排出体外，测其燃烧时放出的热能，称为粪能。用饲料总能减去粪能所余为消化能，即被机体吸收的能量，但部分消化能并不能在体内完全被利用，而是随尿排出体外，这部分能称为尿能。另外，在消化中由于微生物分解糖类后产生甲烷气体，也使消化能损失一部分，消化能减去尿能和甲烷气体能后，剩下的便是代谢能。在消化、吸收和代谢活动中，必须消耗一部分热能，称为体增热，代谢能减去体增热和发酵热，即为净能，净能才是真正用于维持生命和生产产品的能量。

（三）能量水平在饲料中的意义

在养鹿生产中，饲料中的糖类、脂肪和蛋白质均可作为能量来源。而糖类提供的能量部分为70%～80%，如果给予的饲料能量供给不足时，则不进行生产或少生产，必须保持生命活动需要的能量。能量供给不足时，鹿要将体内储存的脂肪和蛋白质转化为能量，用以维持正常的生命活动。这种情况下，不仅造成营养物质的浪费，而且鹿体消瘦，损害健康。长期能量不足时，即生产净能等于零的情况下，生产停滞，就没有了生产意义。过高的能量水平对鹿的生产和健康也是不利的，如妊娠母鹿日粮消化能超过7 000卡时，易在体内沉积脂肪，造成难产或胎儿畸形，因此应给予标准的能量，使鹿只处于生产状态。由此来看，制订鹿在各个不同生产时期的营养标准是非常必要的。

三、鹿的常用饲料

（一）鹿的饲料分类

1. 能量饲料 干物质中粗纤维含量低于18%，同时粗蛋白质含量低于20%的谷实类、糠麸类。

2. 蛋白质饲料 干物质中粗纤维含量低于18%，同时粗蛋白质含量在20%以上的豆类、饼粕类、动物性饲料等。

3. 青绿饲料 天然水分含量在45%以上的青绿饲料类、树叶类。

4. 块根块茎瓜果类饲料 天然水分含量大于或等于45%的块根块茎瓜果类，如胡萝卜、饲用甜菜、土豆等。

5. 粗饲料 干草类，包括牧草、羊草、苜蓿草等；农副产品，包括荚、壳、藤、蔓、秸、秧等，如玉米秸、大豆荚、花生秧、甘薯蔓等及粗纤维含量在18%以上的糠渣类。

6. 青贮饲料 用新鲜的天然植物性饲料调制成的青贮饲料，以及加有适量的糠麸或其他添加物的青贮饲料。

7. 矿物质饲料 包括工业合成的、天然的单一的矿物质饲料，多种混合的矿物质饲料，以及配合有载体的微量元素、常量元素的饲料。

8. 饲料添加剂 包括矿物质饲料和维生素饲料在内的其他所有添加剂，如防腐剂、香味剂、氨基酸，以及各种药剂，如激素、杀菌剂等。

9. 维生素饲料 指工业合成的或提纯单一的维生素或复合维生素，但不包括某些维生素含量较多的天然饲料。

（二）鹿常用的主要饲料

1. 能量饲料　能量饲料包括：谷实类籽实及其加工副产品；淀粉质的块根块茎瓜果类饲料；油脂类饲料。其中，日常用的主要能量饲料有以下几种：①玉米。每千克含消化能 3 500 卡，是谷实类饲料中能量最高的。玉米中蛋白质含量较少，仅 72 克，玉米含不饱和脂肪酸较高，故磨碎后的玉米粉面易于酸败变质，不宜长期储存，玉米在鹿的主要精饲料中占很大比重。②小麦麸子。由小麦的种皮、糊粉层与少量的胚及胚乳组成。麦麸能量含量高，蛋白质含量也高。麦麸质地轻松，每千克容重为 225 克左右。对精饲料营养浓度调节起重要作用。麸皮还具有轻泻作用，并具有吸水性强的特点，如胡萝卜青贮时，将切碎的块根拌上麦麸为好。麦麸另一个特点是含磷多，可补充饲料中磷的不足。

2. 蛋白质饲料

（1）豆饼（粕）　以大豆饼质量最好，蛋白质含量高达 42%，而赖氨酸含量高达 9%，蛋白质含量是玉米的 18.5 倍。必须指出的是：生大豆含有抗胰蛋白酶、血凝素等物质，影响了鹿对其的消化，但如果适当加热，以上物质将不会对鹿体产生影响。所以生大豆及未经过加热的大豆饼（粕）不能直接饲喂鹿。

（2）棉籽饼　是棉花籽实脱油后的饼（粕），蛋白质含量仅为 22%左右，但完全脱了壳的蛋白质含量达 41%以上。与大豆饼（粕）比较，棉籽饼含棉酚，一般喂鹿不过量无毒害作用。可占鹿精饲料的 20%，应与谷实类饲料混合后饲喂。

（3）大豆　含消化能高，含蛋白质高，同时还含有 15%的油脂。可以补充生茸期鹿所需的脂肪。一般产茸公鹿和仔鹿饲喂大豆时可占精饲料的 10%～15%。因大豆含抗胰蛋白酶等有害物质，必须加热处理后熟喂，制成豆浆也得加热处理后投喂，否则消化率降低。

（4）鱼粉　饲料鱼粉是优质的蛋白质饲料，质量较好的国产鱼粉，含蛋白质 50%左右；进口的秘鲁鱼粉含蛋白质 60%左右，味香。鱼粉含磷、维生素，微量元素丰富，尤其含钴及维生素 B_2、维生素 B_{12} 较多。由于鹿对腥味敏感，开始饲喂时要逐步增加喂量，一般占产茸公鹿精饲料量的 5%为宜。哺乳和断奶仔鹿应补充 5%～10%。

3. 青绿饲料　包括天然牧草、人工种植牧草、嫩枝树叶、蔬菜叶类等。青绿饲料含纤维少，含蛋白质丰富，尤其富含大量胡萝卜素和 B 族维生素，但缺乏维生素 D。天然牧草包括草原牧草、羊草、田间杂草；人工种植牧草包括豆科和禾本科牧草。最常见的有苜蓿、青稞大豆、青稞玉米等，都是优质青绿饲料。

4. 块根块茎瓜果类饲料 有南瓜、甜菜、胡萝卜等。这类饲料的特点是产量高，水分多，营养丰富，易于消化，适口性强，鹿很喜欢采食。特别是胡萝卜，具有产量高，营养丰富，易于储存等优点，应大力提倡种植胡萝卜。尤其是北方长达半年的冬季，鹿严重缺乏维生素饲料，胡萝卜是养鹿场的唯一选择。

5. 粗饲料 主要包括青干草，秸秆、秕壳类。

(1) 青干草 青干草是细茎的牧草、野草或其他在结籽以前收割的植物，经过自然晒制以后能达到较长时期保存的草。如黑龙江萨尔图草原生产的羊草、新疆生产建设兵团农业建设第二师人工种植的苜蓿干草、玉米青稞等。这些豆科和禾本科牧草晒制的干草色青绿、气味芳香、适口性强，含有丰富的蛋白质、矿物质和维生素。

(2) 秸秆 秸秆是农作物收获籽实后的副产品，是当前农村养鹿的主要粗饲料。秸秆中粗纤维含量占30%～45%，粗蛋白质仅有2%～8%，含钙、磷少。主要有玉米秸、谷草、花生秧、豆秸等。

(3) 秕壳 在谷物脱粒后清筛过程中收到的谷物秕壳。大豆壳含蛋白质丰富。鹿喜爱采食。喂前要用大网筛子过一下筛，防止含土过多。

6. 青贮饲料 青贮饲料就是把新鲜的青绿饲料填入密闭的青贮窖内、壕里、塔里或塑料膜袋里。经过压实使微生物发酵而得到的一种多汁、具有特殊气味的、耐储存的饲料。北方养鹿主要是玉米青贮饲料。前些年提倡密植白鹤品种青贮玉米，植株高大，但由于密集而不结穗或穗很小，这种方法所产的玉米总营养价值低，近年来都普遍实施疏松种植，此种植方法与玉米种植的株距相同，株距20～25厘米，在玉米生长到乳熟1期和蜡熟期间收割。大型养鹿场最好制作玉米青贮饲料，而只养几只或十几只的鹿场可制作胡萝卜青贮饲料。

7. 矿物质饲料

(1) 食盐 占鹿日粮风干物质的1%，一般20～30克/(天·只)为宜。

(2) 含钙物质

① 石粉。石灰石粉碎即为石粉。因为仅含钙38%左右，而不含磷，又含有氟，所以鹿不应该饲喂石粉。

② 贝壳粉。沿海地区多年堆积的贝壳，一般含钙量为38%左右，主要成分为碳酸钙，不含磷。因为喂它可造成钙不平衡，所以也不应喂鹿。

③ 骨粉、磷酸氢钙可用于喂鹿。骨粉中不含过量的氟，只要杀菌消毒彻底，无异味即可喂饲，而磷酸氢钙是由磷矿石经加工而制成的，内含有钙23.2%，含磷18%，钙磷比例平衡。因含较多的氟，一般为3%～4%，日粮中含氟过量易引起鹿中毒，所以必须脱氟后才能使用。

8. 饲料添加剂 饲料添加剂是指那些常用饲料之外，为满足动物繁殖、生产各方面营养需要，或为某种特殊目的而补充到配合饲料中的少量或微量物质。鹿用添加剂在配合饲料中通常所占比例很小，但作用是多方面的，有抑制有害微生物繁殖，促进饲料物质营养消化、吸收，抗病、保健，促进动物生长，降低饲料消耗的作用。按作用和性质可分为营养性添加剂和非营养性添加剂。

第二节 梅花鹿精饲料配方与日粮喂量参考标准

一、梅花鹿精饲料配方参考标准

梅花鹿公鹿、母鹿、仔鹿精饲料配方分别见表 4－1、表 4－2、表 4－3。

表 4－1 梅花鹿公鹿精饲料配方

（崔尚勤，实用养鹿技术）

月份	豆饼	玉米	糠麸	熟大豆	食盐	骨粉
1—4	35%	45%	15%	5%	25 克	30 克
5—8	50%	27%	15%	8%	30 克	35 克
9—12	25%	60%	15%	—	20 克	25 克

表 4－2 梅花鹿母鹿精饲料配方

（崔尚勤，实用养鹿技术）

月份	豆饼	玉米	糠麸	熟大豆	食盐	骨粉
1—4	30%	55%	15%	—	20 克	25 克
5—8	35%	50%	15%	—	25 克	30 克
9—12	30%	55%	15%	—	20 克	20 克

表 4－3 梅花鹿仔鹿精饲料配方

（崔尚勤，实用养鹿技术）

月份	豆饼	玉米	糠麸	熟大豆	食盐	骨粉
9—12	60%	30%	10%	—	30 克	30 克
1—4	50%	40%	10%	—	30 克	30 克
5—8	40%	50%	10%	—	30 克	30 克

二、梅花鹿精饲料日粮喂量参考标准

梅花鹿公鹿、母鹿精饲料日粮喂量见表 4-4、表 4-5。

表 4-4 梅花鹿公鹿精饲料日粮喂量 [千克/(天·只)]

(崔尚勤，实用养鹿技术)

月份	仔鹿	育成	头锯	2锯	3锯	4锯	5锯
1	—	0.7	1.1	1.2	1.3	1.4	1.5
2	—	0.8	1.1	1.2	1.4	1.5	1.6
3	—	0.9	1.2	1.3	1.5	1.7	1.9
4	—	0.9	1.2	1.4	1.6	1.8	2.1
5	—	0.9	1.2	1.6	1.7	2.1	2.4
6	—	1.0	1.3	1.6	1.9	2.4	2.8
7	—	1.0	1.3	1.7	2.0	2.5	3.0
8	—	1.0	1.3	1.8	2.0	2.2	2.0
9	0.3	0.9	1.2	1.0	0.8	0.6	—
10	0.5	0.9	1.9	0.8	0.6	0.5	0.5
11	0.6	1.0	1.0	1.0	1.1	1.2	1.3
12	0.7	1.0	1.2	1.3	1.4	1.4	1.5

表 4-5 梅花鹿母鹿精饲料日粮喂量 [千克/(天·只)]

(崔尚勤，实用养鹿技术)

月份	育成母	初产	二产	三产
1—4	0.6	0.8	0.9	1.0
5—8	0.7	0.9	1.1	1.2
9—12	0.8	0.9	1.0	1.0

第三节 梅花鹿的饲养管理

一、公鹿的饲养管理

茸鹿生理、生产时期划分见图 4-1。

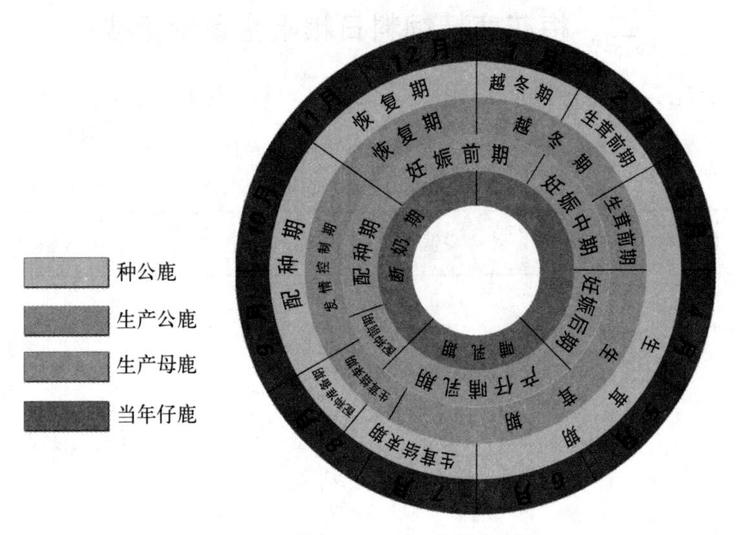

图 4-1　茸鹿生理、生产时期划分

（一）种公鹿

种公鹿的第一生产任务是为母鹿配种，主要通过与母鹿本交，或人工授精获得高产的优秀后代。第二生产任务是生产鹿茸。由于鹿茸的遗传力高（$h^2=0.4\sim0.5$），所以种公鹿的优劣决定着繁殖鹿场今后生产力的高低。它的生理、生产时期为（图 4-1）3—6 月生茸期，9 月至 11 月上旬为配种期，其余为休闲期。生茸前一个月逐步加料增膘，到生茸期膘情应达到 9 成，生茸期在保证青柞叶自由采食情况下，每昼夜喂 4 次精饲料，精饲料的给量由 3 月的 2.5 千克增加到生茸期的 4.5 千克。精饲料内配有豆饼 30%、煮熟大豆 10%、玉米面 50%、麦麸 10%、磷酸氢钙 40 克、食盐 35 克、添加剂适量，另加占精饲料 50%的胡萝卜（或青贮胡萝卜）与精饲料混合喂饲。

锯茸后也要坚持给精饲料，每昼夜喂 2～2.5 千克混合饲料，使膘情不下降，仍保持 9 成膘，到 9 月 15 日开始配种。如是本交可以采用试情配种方法，即将已试好的发情母鹿拨入种公鹿圈交配，交配结束的母鹿应及时拨出来。也可以按公母 1∶15 的比例一放到底。最佳方法是人工授精，饲养的种公鹿可以在母鹿人工授精结束后期扫尾用。

（二）生产公鹿

生产公鹿以产茸为主，按生产需要可划分为以下几个时期：

1. 生茸前期（3 月） 以追膘为主，为长茸打下好的基础。梅花鹿公鹿的精饲料喂量为每天 1～1.5 千克，马鹿公鹿的精饲料喂量为每天 1.5～2 千克，粗饲料自由采食。

2. 生茸期（4—7 月） 此时期公鹿的采食量是一年中最大的时期，要满足公鹿的生产需求。蛋白质饲料占 40%～50%，梅花鹿公鹿精饲料喂量每天 1.5～2.5 千克，马鹿公鹿精饲料喂量每天 3～4 千克。

3. 生茸结束期（8 月） 此期生产公鹿可停止精饲料的供给。全天饲喂粗饲料，以防止公鹿过肥，在发情期造成公鹿之间的强烈打斗、造成鹿只的伤害。

4. 发情控制期（9 月至 11 月上旬） 生产公鹿发情期不供给精饲料，以防止膘情好公鹿之间打斗造成伤亡。

5. 恢复期（11 月中旬至 12 月） 此期刚经过发情期，公鹿体况较瘦，在 11 月中下旬，发情结束后，应给予梅花鹿 1 千克左右的精饲料，马鹿 1～1.5 千克，使公鹿膘情恢复，准备越冬。

6. 越冬期（1—2 月） 此期天气寒冷，御寒需要消耗大量体能，应增加能量饲料的供给，能量饲料占 50%～55%，日饲喂量稍高于恢复期。

在公鹿饲养管理中要注意：①合理组群，可按年龄、锯次、产茸量高低等划分。②鹿舍和运动场的面积要大，特别是在发情期。鹿舍面积过小，易造成鹿只的伤亡。

二、母鹿的饲养管理

母鹿的生产期可划分为配种前期、配种期与妊娠前期、妊娠中期、妊娠后期和产仔哺乳期。

1. 配种前期与配种期（8 月中旬至 11 月上旬） 需供给一定数量的含蛋白质和维生素丰富的豆饼、青刈大豆、全株玉米、青贮饲料和胡萝卜等饲料，以促进母鹿提前集中发情配种，并提高受胎率。

2. 妊娠前期、妊娠中期、妊娠后期（11 月中旬至翌年 5 月中旬） 每天饲喂精饲料 3 次，严禁饲料霉败、冰冻、酸度过大，保证足够的温水，加强运动，防止惊吓。3 月可调整一下鹿群，拨出空怀、瘦弱、患病母鹿。妊娠后期 3 个月饲料体积应小，质量高，适口性强，增加蛋白质、矿物质和维生素饲料。

3. 产仔哺乳期（5 月中旬至 8 月中旬） 该期是饲养母鹿的关键时期，母鹿日粮中各营养物质比例要合理适宜，饲料要多样化，适口性强，要保证日粮的数量和质量。除喂良好的枝叶饲料外，还应喂给一定数量的多汁饲料，以利于泌乳和改善乳的质量。

母鹿产后应充分供给饮水和优质青绿饲料，可按产前日粮量投喂，翌日根据母鹿健康及食欲情况适当增加 0.2～0.4 千克。2～3 天后每天应继续增喂 0.1～0.2 千克。凡是生产潜力大，泌乳量较高，食欲旺盛的多加；反之，则少加。总的目的是促进母鹿大量采食，以满足泌乳需要，减少体内蓄积的消耗。

这一时期管理比较复杂，如设立仔鹿保护栏、仔鹿床、铺设垫草，观察分娩是否顺利，一旦发现难产应立即组织助产。分娩前后应有专人昼夜值班。对有扒仔、咬仔、弃仔、舔肛、咬尾恶癖的母鹿要及时拨出，予以淘汰，对仔鹿进行适当的代养或人工哺乳。鹿舍要保持清洁卫生和消毒，预防母鹿乳腺炎和仔鹿疾病发生。

仔鹿要提前补饲和调教驯化。

三、仔鹿的饲养管理

仔鹿包括哺乳仔鹿、断奶仔鹿和育成鹿。

仔鹿正值强烈的生长发育阶段，如长期处于不良的饲养管理条件下，将导致其生长发育受阻，对其体型、生产性能均有不良影响。因此，此期进行科学培育是保证仔鹿全活全壮，提高鹿群质量的重要环节。

1. 哺乳期（5 月中旬至 8 月中旬） 仔鹿出生后，为适应从母体环境到外界环境的骤变，消化系统经历一个从脆弱到逐渐健全的过程。出生后第 1 个月内新生仔鹿的前 3 个胃不发达，胃肠容量不大，分泌及消化功能尚不完善，初期起不到消化食物的主要功能。此时食物的消化吸收主要是靠发达的皱胃和肠道来完成的。以后随着仔鹿吮乳，盐酸和唾液分泌的增多，皱胃消化能力逐渐增强。大约在 2 周之后，随着仔鹿日龄的增大和采食饲料的增多，前 3 个胃也随之迅速发育，在断奶后逐渐成为饲料消化的主要场所，但直到体成熟之后才能发育完全。所以要抓住这一生理特性，在让仔鹿尽早吃上初乳、供足饮水、保证饲养条件良好的前提下，采取以下几项措施。

（1）加强对哺乳母鹿的饲养，以使其为仔鹿提供充足的营养。仔鹿出生后很长一段时间前 3 个胃不发达，对饲草的消化能力差，主要的营养靠乳汁来满足，乳汁质量好坏和充足程度将直接关系到仔鹿的健康生长。因此，要保证哺乳期仔鹿生长发育的需要，加强对哺乳母鹿的饲养是其根本保证。

（2）提前补饲，锻炼仔鹿采食能力、增强仔鹿消化系统功能、增加其采食量。仔鹿出生 10 天后就开始学着采食，提前补饲一方面可刺激瘤胃及肠道的发育，增强仔鹿消化功能，增加其采食量；另一方面补饲的颗粒饲料和新鲜的树叶中含有仔鹿生长发育必需的营养物质，以弥补哺乳后期仔鹿靠母乳供给营养的不足，从而保证仔鹿营养的充足需要。

（3）做好仔鹿从哺乳到断奶的衔接工作，减少应激反应，促进其生长发育。

2. 断奶期（8月中旬至12月） 此时幼鹿的消化机能已基本健全，营养的供给方式从主要依靠母乳转为饲料。这一阶段为保证仔鹿生长发育的营养需要，我们除了要为其提供充足的营养全价、适口性好、易消化的饲料以外，还要抓好以下3个环节。

（1）断奶分群时，刚断奶的仔鹿因留恋母鹿，会有食欲减退、不安的表现，一般5～7天才能稳定下来。此时，应加大精饲料的饲喂量，并进行熟化，每天每只1.5千克左右，分3～4次喂给，每天均衡地投给4～6次柞树叶、青刈大豆或蜡熟期粉碎的全株玉米，做到每顿不剩料。

（2）断奶15天左右，为使仔鹿胃肠尽快适应饲料的更替，满足营养需要。可适当地喂给熟豆浆或小米粥，或熟豆浆泡精饲料，每天2次，精饲料中添加氨基酸、加硒维生素及生长素效果很好。

（3）进入冬季时，当仔鹿达5～6月龄时，此时仔鹿可塑性比较大，可抓住这一时机进行培育。但此时正值秋冬季节交替，已无青绿饲料，最好饲喂蛋白质含量高、适口性好的青干柞树叶、杨树叶和胡萝卜，每天3次；同时，必须保证钙、磷等矿物质的需要，以促进其生长发育。

3. 育成期（1月1日至12月31日） 育成鹿处于生长发育的旺盛阶段，特别是瘤胃的发育更为显著，因而加强育成鹿的饲养管理，对培育其耐粗饲的性状特别重要，但因尚无产品，身体又比较强壮，所以易被人所忽视。

管理上应按性别和体况适时分群，以防止早熟鹿混交乱配，影响生长发育。并应把它们拨到能充分运动、休息和采食面积较大的圈舍内。育成公鹿到配种期也相互爬跨，体力消耗较大，有时可造成直肠穿孔甚至死亡，此种情况多发生在天气骤变，如阴雨、降雪，或突然转暖时，应加强看管。

总之，对于育成鹿的粗饲料供给从数量和质量上要做到最大限度的满足，并随时注意调整精饲料喂量，以保证育成鹿获得充足的营养，从而保证正常的生长发育。

Chapter 5 第五章

鹿疾病的防治

第一节 鹿病的分类

鹿病可分为以下六类：

1. 传染病 由病原微生物引起，有一定的潜伏期和临床症状，并具有传染性的疾病，分细菌性传染病与病毒性传染病，如口蹄疫、结核病、布鲁氏菌病、肠毒血病等。

2. 寄生虫病 由寄生虫侵入动物体的不同部位，造成损害所引起的疾病。

3. 内科病 由非传染性病原所致的内部器官疾病，按病变部位和病因分为消化、呼吸、循环、泌尿和神经系统疾病，以及新陈代谢疾病和中毒疾病。鹿主要有胃肠炎、前胃迟缓、缺硒病、发霉饲料中毒病等。

4. 外科病 凡是动物体外部的组织、器官，以及某些内脏，发生了痛、痒、红肿、化脓等局部症状，需要采用手术外治或药物内治的疾病，都称为外科病。主要包括疖、痈、疽、疔、瘰疬、烫伤、冻伤、痔、瘘，以及外伤和一些皮肤病。鹿外科病主要有急性失血、直肠穿孔、骨折、创伤、脓肿、淋巴外渗、挫伤等。

5. 产科病 与母鹿繁殖有关的一类疾病，鹿主要有难产、流产、胎衣不下、子宫脱出、子宫炎等疾病。

6. 仔鹿病 鹿从初生到分群断奶前发生的疾病统称仔鹿病，主要有仔鹿窒息、仔鹿便秘、仔鹿脐带炎、仔鹿肺炎、舔肛等疾病。

第二节 鹿病的诊疗基础

一、保定方法

鹿是一种驯化的经济动物，胆小易惊，野性较强，人不易接近，因此在鹿病诊治、收茸、运转等过程中要进行保定。

鹿的保定可分为机械保定和药物保定两类。

1. 机械保定 机械保定有麻绳套腿保定、麻绳吊腰保定、抬杆式保定、夹板式保定、液压式自动保定器保定等多种方法。目前，采集精液时多用夹板式保定，其他保定方法很少使用。

2. 药物保定 药物保定因操作简单确实，在配种、锯茸、转运等生产过程中较常用。应用鹿专用的麻醉药和解药。

麻醉过程中应注意：①人身安全，在麻醉过程中应避开周围的人。②麻醉药应一次给足量，麻醉剂量不足时，再追加剂量时鹿不容易深度麻醉。③麻醉后保持安静，不要人为惊吓。④注意麻醉后鹿有可能出现过敏症状，一般是肌肉震颤、四肢划水样运动。⑤苏醒时醒药剂量不可太大，如需追加应少量。⑥在麻醉过程中准备地塞米松、肾上腺素、安钠咖等强心镇静药品，以防过敏反应。

二、诊断方法

1. 一般检查 主要有问诊、视诊、触诊、叩诊 4 种方法。一般从以下方面观察确定鹿病先兆。

（1）对事物的反应 对呼唤不理睬，对异常声响无反应。

（2）运步 行走缓慢，无精打采，跛行。

（3）阴道泌物 除发情外，阴道不应有分泌物流出。

（4）疼痛反应 后肢踢腹、回头望腹、呻吟。

（5）精神状态 兴奋狂暴、沉郁不动、头垂耳耷。

（6）体态 胸围增大（臌气）、胸围缩小、消瘦。异常站立姿势（木马样、前肢叉开、交叉站立）。

（7）呼吸与咳嗽 呼吸增数、呼吸减数、咳嗽。

（8）异嗜 采食土块、布块、朽木、石头。

（9）粪便 稀稠度、形状、色度、是否带血、是否有黏膜。

2. 系统检查

（1）消化系统检查

① 饮食欲。判断饮食欲应排除饲料管理制度、饲喂方式以及环境条件等突然变化的影响，根据鹿的采食量、采食持续时间的长短及腹围的大小等进行判断。病理性饮食欲变化有食欲减退、废绝、亢进、不定，异嗜及饮欲减退、丧失、亢进等。食欲减退乃至废绝是许多疾病共有的现象。食欲减退，见于胃肠疾病（尤其是前胃疾病）、代谢病及热性病等；食欲废绝，见于急性胃肠疾病和其

他重症疾病等；食欲亢进，见于肠道寄生虫病和重病的恢复期等；食欲不定，见于胃肠卡他等；异嗜，见于营养、代谢障碍性疾病；饮欲减退，见于瘤胃臌胀、积食等；饮欲丧失，见于重症疾病；饮欲亢进，见于腹泻、呕吐及发热性疾病等。

② 采食、吞咽、呕吐。病理性变化有采食咀嚼障碍，表现采食不灵活、咀嚼费力、困难或疼痛，见于唇、舌及口腔黏膜炎症，或溃烂、舌断裂、牙齿磨灭不整、骨软症等。吞咽发生障碍时，表现摇头、伸颈、吞咽困难等，见于神经麻痹、痉挛性疾病或食道梗塞等。呕吐见于胃肠疾病、中毒性疾病和某些传染病等。

③ 嗳气。鹿一般每小时嗳气15～20次，嗳气次数减少见于瘤胃机能障碍或内容物干固，可见于前胃迟缓、瘤胃积食、皱胃疾病、创伤性网胃炎及某些热性疾病和传染病等，嗳气停止见于食道梗塞或重度前胃疾病等。

④ 粪及排粪。粪检查主要检查其形状、硬度、颜色、数量、气味等。正常鹿粪为椭圆形颗粒状，黑色，排出时粪球分开不成团块，无特殊臭味。若精饲料供应适当，粪球比较柔软；精饲料缺乏而仅喂以粗饲料时，粪球无光泽而粗糙。排出带有黏液的粪便，表明鹿患胃肠卡他性炎症，炎症为纤维素性或出血性时，不仅黏液增多，且附有假膜、血液，如出血部位距直肠较远，则粪呈褐黑色或深黑色；若出血部位在直肠（例如，肛穿），可于粪中发现暗红色血丝或血凝块；若出血部位在肛门附近，则可见新鲜血液。若排粪次数与数量减少，粪球坚硬干固，颜色加深，同时排粪困难，这是便秘表现，见于慢性消化不良和肠道阻塞等病。当粪稀薄、不能成球状时，即为腹泻，见于肠卡他、肠炎等。

排粪障碍主要表现为便秘、腹泻和下痢，排粪带痛、排粪失禁、里急后重等。便秘见于前胃迟缓、瘤胃积食、瘤胃臌气及重度的热性病等；腹泻和下痢见于肠炎、某些肠道寄生虫病、中毒病等；排粪带痛，表现疼痛不安、努责、呻吟等，见于肛穿、腹膜炎、胃肠炎、创伤性网胃炎等；排粪失禁见于肛门疾病或重度病后期；里急后重见于直肠炎、顽固性腹泻等。

⑤ 腹部。

a. 腹部视诊。观察腹围大小，腹围明显增大见于瘤胃臌胀、瘤胃积食；腹围缩小见于长期饲喂不足、食欲减退、顽固性下痢、慢性消耗性疾病，如营养不良、寄生虫病、结核病、布鲁氏菌病等。

b. 腹部听诊。瘤胃听诊部位在左侧腹。正常时，瘤胃蠕动音为由弱至强、再由强至弱即为1次，瘤胃每分钟蠕动至少3～5次，最多6～8次。若瘤胃蠕动次数稀少、力量弱，表明瘤胃机能衰弱，见于前胃疾病或全身性传染病；瘤胃蠕动消失，见于瘤胃臌气和积食末期，以及全身性疾病；瘤胃蠕动频繁、力量强大，见于瘤胃臌气初期或某些中毒病等。网胃听诊部位是左胸壁下1/3、第6～8肋骨与剑状软骨处，正常时听到一种“劈劈啪啪”音调，在创伤性网胃炎时，蠕动音减弱或消失。肠听诊部位为右腹后半部，正常肠蠕动音为流水声，声调较小，当发生肠炎、腹泻时，肠蠕动音增强，当其减弱或消失时见于便秘。

c. 腹部触诊。主要检查瘤胃，通常以左手放于鹿背部做支点，用右手在左肋上部连续几次深部触诊，以感知瘤胃内容物性状，当腹壁紧张而有弹性，甚至用力强压也不能感到胃中坚实的内容物时，则为瘤胃臌气症状。瘤胃积食和前胃迟缓时，腹壁紧张，内容物较硬。其中混有气体和液体时，则呈半液体状，触之有波动感，若内容物较干固，则触压后呈现压痕。

（2）呼吸系统检查　呼吸系统检查包括呼吸运动检查、上呼吸道检查与胸部检查。

① 呼吸运动检查。检查呼吸次数，鹿正常呼吸次数为20～25次/分，安静条件下为15～25次/分，平均20次/分。腹壁起伏一次即为一次呼吸，检查呼吸次数应在安静非保定状态下进行。观察鹿的胸壁的起伏运动，冬天也可以鼻孔呼出的气流计数。呼吸次数增加，见于发热性疾病、各种肺病、心脏病以及贫血等；呼吸次数减少见于某些脑病、上呼吸道狭窄、中毒病等。

检查呼吸式，健康鹿呼吸式为胸腹式呼吸。胸部运动减弱，呈腹式呼吸见于胸膜炎、气胸及肺病；腹部运动减弱，呈胸式呼吸。见于瘤胃麻痹、瘤胃臌胀、积食，以及腹水增多、腹膜炎。

检查呼吸节律，鹿正常呼吸呈节律性运动，吸气后紧接着出现呼气动作，随后有一个短暂休止期，再出现吸气和呼气。通常吸气、呼气及休止期时间比为1.2∶1.1∶1.0左右。吸气延长见于呼吸道狭窄；呼气延长见于支气管炎、肺泡疾病等；潮式呼吸表现呼吸运动短时间暂停后，逐渐加深、加快，达到高峰后又逐渐变浅、变缓以至呼吸暂停，如此反复交替出现的波浪式呼吸节律，见于呼吸中枢抑制性疾病，如脑炎、脑严重缺氧、肺功能衰竭等；深长呼吸见于代谢性酸中毒、上呼吸道炎症或阻塞等；浅短呼吸见于气胸、胸腔积液和胸膜炎等；断续呼吸表现在吸气和呼气过程中，出现多次短促的间断动作，见于导致胸膜炎疼痛性疾病，如胸膜炎、支气管炎等；间歇式呼吸，表现上次呼吸与下次呼吸之间有较长的一段时间间歇，见于较危重疾病或濒死期。

呼吸困难时出现呼吸运动加强、呼吸次数和节律的改变。吸气性呼吸困难，见于上呼吸道狭窄性疾病，如鼻炎、咽炎、气管梗塞；呼气性呼吸困难，见于慢性肺泡气肿、细支气管炎；混合性呼吸困难即吸气和呼气都发生困难，见于多种疾病。

② 上呼吸道检查。主要检查鼻腔、喉，以及气管部位的黏液、气体气味、黏膜颜色、充血、肿胀与异物情况。

③ 胸部检查。鹿胸部检查主要是通过听诊进行，病理呼吸音有干啰音、湿啰音与捻发音。捻发音，是肺泡被少量黏液黏在一起，近似捻转一簇头发时所发出的声音。

（3）循环系统检查

① 脉搏检查。鹿脉搏检查可在保定后安定状态下进行。脉搏受气温、神经状态、运动等因素影响。检查时用食指与中指轻压其尾的腹面尾中动脉。正常成年鹿脉搏次数为40～78次/分，平均45次/分，仔鹿平均60次/分。脉搏增多见于热性病、贫血及心脏衰竭；脉搏减少见于脑病、中毒病及预后不良。

② 心脏检查。正常心音是第一、第二心音“通-塔”声，然后出现明显间隔、再重复。听诊区为胸部下1/3的第3～5肋。心音减弱，见于严重疾病的后期，以及心包炎、肺气肿等；心音增强，见于热性病初期、剧痛性疾病、贫血、心脏的代偿机能亢进，在生理情况下可见于兴奋、保定、恐惧时。

（4）神经系统检查　检查内容主要包括神经状态、运动机能和感觉的检查。脑炎、外伤、狂犬病、中毒病与寄生虫病神经症状明显。

（5）泌尿系统检查　检查排尿与尿的性状。泌尿器官主要检查肾、膀胱。

三、给药方法

1. 内服法　分为自由采食法、灌服法。

2. 直肠投药法　直肠投药法就是通过灌肠将药物从直肠投入，投入的药不受胃、小肠等消化液及酶的影响，药物有效成分损失小，药物不经肝进入血液，药效快、副作用小。鹿经直肠投药的药物有全身麻醉药水合氯醛，肠道抑菌药土霉素、氯霉素等。直肠投药常采用的器械是灌肠器。投药时先将直肠内积粪排出，以提高药物的吸收率，缓慢旋转将胶管插入直肠14厘米左右（若阻力较大，可将胶管涂以润滑剂），将灌肠器提高至距肛门约70厘米，药液即可流入直肠。然后以左手夹住胶管，其投入量视鹿体情况而定，一般不超过3 000毫升。

3. 皮下注射　皮下注射就是将药液注入皮下结缔组织内的方法。凡是易溶解、无强刺激的药物及疫苗均可采用此法。这种方法一般需在保定状态下完成，如免疫接种疫苗，可结合公鹿锯茸、仔鹿打耳号及鹿只普检时进行。注射部位应选择皮下组织发达、皮肤易移动的部位，以便吸收。鹿通常选择颈部两侧，肩、胸、腹两侧等部位。方法是首先将注射部位消毒，然后用手将该部位皮肤捏成皱褶，将针刺入皮肤的凹陷内。刺入的针头要在皮下结缔组织中可以活动，少量药物可以迅速注入，若量大则须缓慢注入。

4. 肌内注射 肌内注射是将药液注入肌肉的方法，是鹿只投药的主要途径之一。除刺激性强的如钙、砷制剂外，几乎所有药液、疫苗均可采用。杜绝打飞针。

5. 静脉注射 静脉注射就是将药液注入静脉内的投药方法。此法药液吸收快，但作用时间较短，适用于大量输液和刺激性强的药物的注射，如葡萄糖、生理盐水、浓盐水、氯化钙及水合氯醛等。操作方法是，将鹿保定后以左手拇指横压在颈部上、中 1/3 的交界静脉沟上，待血管怒张，右手持针头，距压迫点前 2 厘米处，与颈静脉呈 30°～45°向上迅速刺入静脉内，见到针头有血液流出，固定好针头，即可注药。注射完毕，拔出针头，注射部位用碘酊棉球轻轻压迫止血。注射大量药液时，应将药液加温至与体温相同，注射器要严格消毒。静脉注射前须排净注射器或胶管内的空气；针头进入血管内后要将其固定在注射部位。静脉注射时，鹿只应充分保定，注射部位要选好，严防药液漏于血管外，尤其是刺激性强的药液，如氯化钙、高渗盐水、水合氯醛等。若药液漏于血管外，应立即中止注射，采取措施，如用注射器从外漏部位抽出一部分或注射化学药物（如氯化钙溶液漏于血管外，可向皮下注射 10%硫代硫酸钠）以及采用热敷，以促进药液吸收。若大量药液外漏，则应早期切开，用高渗盐水清洗并引流；静脉注射过程中和注射后，应注意观察鹿的反应，若鹿表现焦躁不安、出汗、腹痛等症状，应中止注射，尽快采取急救措施。

四、消毒与杀虫灭鼠

1. 消毒方法 消毒就是消除或杀灭外界环境中的病原体，它是通过切断传播途径来预防疫病发生的措施。根据消毒目的不同分为三类：①预防性消毒。是传染病尚未发生时，结合平时的饲养管理，对可能受病原体污染的鹿舍、运动场、用具和饮水等的消毒。②随时消毒。在发生传染病时，为了及时消灭刚从病鹿体内排出的病原体而采取的消毒措施。消毒对象包括病鹿所在圈舍、隔离圈，以及被病鹿分泌物、排泄物污染和可能污染的一切场所、用具、物品等。此种消毒要定期多次反复进行。病鹿圈应每天消毒。③终末消毒。在病鹿解除隔离、痊愈或死亡后，或在疫区解除封锁之前，为了消灭疫区内可能残留的病原体所进行的全面彻底的大消毒。

鹿场常用的消毒方法有化学消毒法和物理消毒法。

（1）化学消毒法 化学消毒法就是用化学药物杀灭病原体的方法。所用的化学消毒药物必须具有杀菌力强、有效浓度低、作用速度快、性质稳定、易溶于水、不易受有机物和其他理化因素影响，对人和动物无害、使用方便、价格低等优点。常用的消毒药有漂白粉、氢氧化钠、石灰乳、草木灰水、氨水、石炭酸、来苏儿、乙醇、甲醇、环氧乙烷、甲醛、过氧化氢等。此种消毒法的效果受很多因素影响，如病原体的抵抗力及所处的环境，消毒药的剂量、浓度、作用时间及温度等，因此在使用化学消毒法时，要根据具体情况选择不同的消毒药。用药方法通常有喷洒（如地面、墙壁、用具和饲槽）、浸泡（如用具、工作服等），熏蒸（如鹿舍、兽医卫生室）。

（2）物理消毒法　就是通过物理手段清除或消灭病原体，采用清扫、洗刷方法等将粪、尿、饲料残渣清除。对于不易燃的鹿舍，也可采用焚烧法，即将地面、墙壁用火焰喷灯消毒，此法能消灭抵抗力强的病原体。对玻璃器皿、注射器、手术器械、较小用具、工作服等也可煮沸消毒。

2. 杀虫灭鼠　蚊、蝇等昆虫与鼠都是传染病的重要传播媒介，在鹿场要经常进行杀虫灭鼠工作。

（1）化学杀虫法　是指应用化学杀虫剂杀虫的方法。常用杀虫剂有敌百虫、敌敌畏、倍硫磷、马拉硫磷、除虫菊酯等。采用的方法有喷洒、加热熏蒸、浸泡米饭做食饵等。

（2）物理杀虫法　就是用物理方法杀死昆虫。常用人工捕杀，如拍打、捕捉、清扫等，以火焰烧昆虫聚居的垃圾等，煮沸杀死工作服、小用具上的昆虫，或用沸水浇烫圈舍、车、用具、工作服等上的昆虫，紫外灯诱杀等。

（3）生物杀虫法　以昆虫的天敌或病原体来杀死昆虫。

（4）灭鼠　有生物（猫）灭鼠法、物理灭鼠法、化学灭鼠法。

建议在鹿场尽量使用生物杀虫、灭鼠法，以防化学杀虫、灭鼠后鹿误食引起中毒。

第三节　鹿常见病的防治

一、鹿传染病

（一）口蹄疫

口蹄疫是由口蹄病毒引起的反刍动物和猪的一种急性热性高度接触性人兽共患传染病。其特征是在皮肤、黏膜上形成水疱和糜烂，尤其以口腔和蹄部的病变最为明显。

【病原体】 口蹄疫病毒，目前已知有 7 个主型，即 A、O、C、STAI、SAT2、SAT3 和亚洲 1 型。各型之间无交叉免疫性，当口蹄疫在一个地区流行后就要怀疑是否是由另一型或亚型病毒所致。病毒对碱敏感，可用碱性消毒剂对污染场进行消毒；病毒对酸也敏感，pH 低于 6 时病毒很快死亡。

【症状】 特征性症状，舌表面、四肢皮肤，腕、跗关节部位肿胀、糜烂、溃疡、坏死，母鹿流产。初期伴有体温升高（40～40.6 ℃），精神沉郁，肌肉战栗，流涎，食欲废绝，反刍停止 1～2 天后，在舌背面、齿龈、嘴唇、口黏膜及鼻镜上出现大小不同的水疱。水疱通常在 24 小时内破裂，水疱上皮脱落，形成浅表的边缘整齐的红色糜烂面。与此同时，蹄部也出现水疱，常见于蹄的趾间和蹄冠，水疱很快破裂，出现糜烂，甚至蹄匣脱落，呈现剧烈的疼痛和显著跛行。有的病鹿还可出现多种并发症，如皮下、腕关节与趾关节蜂窝织炎，沿血管与淋巴径路的皮肤发生疹块与化脓性坏死性溃疡，产后截瘫等，最后多归于死亡。

【病程】 2～8 天的潜伏期之后突然发病，终身带毒。

【易感动物】 鹿、牛、羊、猪。

【流行病学】 患病动物及潜伏期动物是最危险的传染源。病毒主要存在于水疱皮和水疱液中。在发热期，患病动物的奶、尿、唾液、眼泪、粪便等也含有病毒。在发病头几天，患病动物可以排出大量毒力强的病毒。

本病以直接和间接接触的方式传播。当患病动物和健康动物在一个圈舍或牧群相处时，病毒常通过直接接触的方式传播。通过各种媒介物，如动物产品、草原、饲料、用具、污染的车船、水源，以及非易感动物，如犬、野生动物及候鸟等间接接触传播也具有实际意义。主要经消化道，也可经损伤的黏膜、皮肤和空气传染。本病常可发生远距离跳跃式传播，病毒能随风散播到 50～100 千米的地方。

【流行特点】 通常总是牛先发病，然后羊、猪及鹿感染，猪是“扩大器”，季节性表现得不明显。本病常呈流行性或大流行性，仔鹿易死亡。

【病理变化】 鹿除口腔黏膜、蹄部和皮肤病变外，心肌可见纤维变性和坏死，呈现带白色的条纹，如同虎斑心，一般称为“虎斑心”变化。肝与肾也呈现同样的变性变化。肠黏膜有溃疡病灶，瘤胃有无数细小或单个的坏死性溃疡。发生于鹿的溃疡还常见穿孔。在网胃的蜂窝织间见有细小的黄褐色或褐色痂块，类似的变化也见于肠内。

【诊断】 本病的临床症状比较有特征，结合流行病学材料，一般即可做出初步诊断。但为了与类似疾病鉴别及毒型鉴定，尚赖于实验室进行动物试验、病毒中和试验与补体结合反应。

【预防】 本病毒各型之间没有相互免疫的作用，这给疫苗的制备造成很大困难。常用的疫苗有氢氧化铝甲醛疫苗和结晶紫甘油疫苗、兔化口蹄疫及鼠化口蹄疫弱毒苗。

（二）鹿结核病

结核病是由结核分枝杆菌引起的鹿及其他多种动物和人共患的一种慢性消耗性传染病。以呈现渐进性消瘦、贫血、咳嗽、体表淋巴结肿大和在某些器官形成肉芽肿、钙化结节为特征。组织器官形成结核结节，结节中心呈干酪样坏死或钙化。

【病原体】 结核分枝杆菌，主要分人型、牛型及禽型。鹿结核多由牛型结核分枝杆菌引起，其他两型较少见。本菌为需氧菌，对干燥湿冷等具有较强的抵抗力，外界存活时间长。

【症状】 被毛粗乱无光泽，换毛延迟，精神沉郁，运动迟缓，进行性消瘦，体表淋巴结肿大。久病时呼吸频率增加，体表淋巴结肿大，触之坚硬，严重者破溃流出黏稠干酪样脓汁。发生肠型结核时，常表现腹痛、腹泻，甚至混有脓血。乳腺结核时，可见一侧或两侧乳腺肿胀，触诊可感知硬块。

【病程】 病程常为数月至 1 年以上。

【易感动物】 鹿、家兔和牛。

【流行病学】 病鹿是主要传染源。病鹿从粪、尿等排泄物、分泌物排出病原菌，污染周围环境而进行传染。本病主要通过呼吸道、消化道传染，也可经生殖感染。鹿不分品种、年龄、性别都具有易感性。一年四季均可发生。

【病理变化】 肺、肺门淋巴结、纵隔淋巴结、肠系膜淋巴结布满结核结节，空肠后 1/3 或回肠孔处有溃疡，胸膜浆膜上有结节，严重者成念珠状，切开后有干酪样坏死，有的钙化。肺内的结核结节坏死、溶解、排出后形成空洞。病鹿的肺和腹腔浆膜、肠系膜上可发生密集的灰白色坚硬的结核结节，即所谓的“珍珠病”。有的在肝、脑、脊髓、子宫、乳腺等组织器官上也可见到结核结节。

【诊断】 临床诊断、细菌学检查、变态反应检查。结核菌素点眼或皮下注射阳性。实验室检出分枝杆菌即可确诊。

【防治】 以预防为主，结合鹿的生产进行检疫，防止病原传入，净化污染群，培育健康群。该病治疗困难，疗程长，用药量大，效果不佳，所以很少治疗。防治本病应以预防为主，采取综合性防疫措施。鹿群应定期进行结核菌素检查，反应阳性者应立即进行隔离观察处理；对发生本病的鹿场，除进行检疫及严格隔离病鹿外，严禁调运鹿只，圈舍、用具等进行严格消毒；平时禁止牛、羊等进入场内，饲养人员要定期检查，患结核病的人不可养鹿；加强饲养管理，杜绝结核病诱因。

疫苗使用：目前许多鹿场对新生仔鹿用卡介苗进行预防注射，每只皮内注射冻干卡介苗 2.25 毫克，每年 1 次，连续 3 年。效果尚有争议。

（三）鹿布鲁氏菌病

布鲁氏菌病是由布鲁氏菌引起的人兽共患的一种慢性、变态反应性传染病。特点是生殖器官、胎膜及多种器官组织发炎、坏死和肉芽肿，表现流产、不孕、睾丸炎、关节炎等。

【病原体】有羊布鲁氏菌、牛布鲁氏菌、猪布鲁氏菌 3 种，每个种又分为若干型。在自然感染率上以牛种居多，然后是羊种和猪种。链霉素、土霉素、庆大霉素、卡那霉素、氯霉素和金霉素等对本菌有抑制作用，青霉素无效。

【病程】潜伏期短者两周，长者可达半年以上，终身带菌。

【易感动物】鹿、毛皮动物、牛、羊、猪、人。

【症状】多为隐性感染，慢性经过。特征症状为流产、不孕、胎衣不下、关节炎、跛行、卧地不起、子宫炎、乳腺炎、睾丸炎。

【病理变化】各组织器官都有不同程度的病理变化，但主要病变在生殖器官和胎儿。流产胎衣绒毛膜下组织呈胶样浸润、充血和出血，并伴有纤维絮状物和脓性物。间或胎衣增厚，并有出血点。胎儿皱胃中有淡黄色或白色黏液样絮状物。睾丸和附睾结缔组织增生、肥厚、肿胀及粘连。

【诊断】细菌学检查、动物实验、血清学检查。一般用变态凝集反应，鹿被感染后 1～7 天血清中开始出现凝集素。症状出现后，凝集素含量急剧上升，转慢时（6 个月以后）凝集素含量降为一般水平。

【防治】本病以预防为主，严格采取免疫、检疫、消毒、淘汰病鹿和培育健康鹿群等措施进行综合防控。定期进行预防接种，所用疫苗有布鲁氏菌羊型 5 号菌苗与布鲁氏菌猪型 2 号菌苗。

（四）鹿魏氏菌病

鹿魏氏菌病又称肠毒血症，是由 A 型魏氏梭菌引起的一种急性传染病。以腹部膨大、胃肠严重出血和肾软化为特征。本病主要是饲喂不当、胃肠正常消化机能被破坏引起的。

【病原体】为产气荚膜杆菌，为专性厌氧性粗大杆菌。本菌的繁殖型对外界环境抵抗力不大，但芽孢的抵抗力较强，在土壤中能存活 5 年以上。

【症状】多突然发病，临床症状不明显，突然死亡。最急性型，见腹部膨大，口吐白沫，倒地痉挛而死，有的排血便，出现神经症状。急性型，精神沉郁，食欲废绝，离群独卧，肌肉震颤，腹部增大，腹泻，排血便。

【病程】一般1～3天，最短只有8小时，一般为12～36小时。

【易感动物】鹿、羊、水貂、狐、貉、兔。

【流行病学】鹿魏氏菌是反刍动物消化道常在菌或过路菌，当饲料突变，食入大量富含蛋白饲料，或多雨潮湿、低洼地区，以及过量饲喂精饲料和青绿饲料，肠道菌群平衡被破坏，引起发病。春秋多发。

【病理变化】病鹿营养良好，尸僵完全，腹部明显膨大，肛门外翻。皮下组织出血性胶样浸润，胸腔和腹腔有大量暗红色血样液体。皱胃有出血性炎性变化。肠黏膜弥漫性出血，呈血肠样，黏膜易脱落，肠内容物呈液状，红色或深红色。肾肿大，质脆。脾肿大出血。心脏、肺、脑部都有不同程度的充血或小出血点。

【诊断】细菌学检查、毒素检查进行实验室确诊。

【防治】改善饲养管理，更换精饲料要逐渐进行，不在低洼、雨后放牧。污染地区鹿群，要免疫接种鹿魏氏菌灭活苗进行免疫预防。发病的治疗效果不好。治疗原则是解毒强心。参照配方：静脉注射10%葡萄糖液100毫升，25%尼可刹米10毫升。肌内注射拜有利，或用链霉素、庆大霉素、氯霉素，同时加B族维生素和维生素C，或者混饲磺胺脒。

（五）鹿坏死杆菌病

鹿坏死杆菌是由坏死梭杆菌引起的一种常见慢性传染病。以蹄的损害和皮肤、皮下组织、口腔及消化道黏膜、内脏发生坏死为特征。

【病原体】病原为坏死梭杆菌，该菌广泛存在于自然界，也存在于动物肠道内，厌氧菌，对外界抵抗力不强。

【症状】该病一般由外伤引起。常侵害公鹿蹄部、仔鹿脐带部、角基部或口部。公鹿因蹄部损伤引起感染。初期伤口处热性肿胀，然后出现化脓、溃烂和坏死，并向深部蔓延，外腔充满脓汁，从蹄冠肿胀处破溃流出米汤样污浊恶臭的脓汁。有时坏死波及韧带、关节、蹄匣，严重者蹄匣破碎脱落。仔鹿蹄部、腕关节部、跗关节磨损感染时，常引起骨质增生，出现“大骨节”或“跛行”。仔鹿因脐带创口感染时，病程长，表现排尿弓腰，精神倦怠，被毛蓬乱。脐部有梭状硬结，或明显肿大，从脐带处流出灰色恶臭米汤样脓汁。

【病程】潜伏期长短不一，数小时至1～2个月，一般为1～2天。

【易感动物】鹿、水貂、羊、牛、马、猪、小鼠。

【流行病学】病鹿及其他患病的动物和人是本病的主要传染源，通过多种途径排菌，如流产物、阴道分泌物、尿、粪、乳汁、精液等。传播途径主要是消化道，其次是通过皮肤黏膜和交配感染，吸血昆虫也可传播本病。本病无季节性，但以春季鹿产仔时多见。

【病理变化】病鹿消瘦。蹄周围组织糜烂、坏疽，病死灶中央凹陷，周围组织整齐。病变蔓延到肢体皮下组织，常形成瘘管，坏死组织呈灰黑色或灰绿色，脓汁恶臭。严重者蹄软骨、关节、韧带坏死，蹄匣脱落。一般内脏也有不同程度的坏死灶。多见肺炎、肝炎、心包炎。

【诊断】根据流行特点、临床症状和病理变化可做出初步诊断。实验室检查检出病原菌即可确诊。

【防治】局部治疗结合全身治疗。局部治疗：患部剪毛清（扩）创，创造有氧环境，用3%的过氧化氢或1%～5%高锰酸钾冲洗。坏死梭杆菌对氯霉素、四环素、青霉素和磺胺类药敏感，创面撒布碘仿和上述药品效果良好。一般处理2～3次，1周内痊愈。当出现衰弱、食欲减退、病灶转移等全身症状时，要对症用药。

（六）巴氏杆菌病

巴氏杆菌病是由多杀性巴氏杆菌引起的鹿及其他动物的一种败血性传染病。也称出血性败血病。

【病原体】多杀性巴氏杆菌，需氧或兼性厌氧菌，对外界抵抗力不强。

【症状】一般症状，咳嗽，呼吸困难，便秘或腹泻，便血。特征性症状，急性败血型：拒食，反刍、嗳气停止，口、鼻流血样泡沫状液体。皮肤、黏膜充血、出血。肺炎型：精神沉郁，口吐泡沫，流鼻涕。

【病程】病程短，潜伏期一般为1～5天，急性经过一般1～2天死亡。

【易感动物】鹿、多种野生动物和各种畜禽。

【流行病学】患病或健康带菌动物是传染源，可从排泄物、分泌物等多个途径排菌。可经消化道、呼吸道皮肤黏膜损伤或昆虫叮咬传染。无季节性，潮湿季节多发。

【病理变化】急性败血型：皮下、心内外膜，消化道黏膜充血、出血，肺水肿和瘀血，淋巴结出血性炎症，实质性器官变性。肺炎型：纤维素性胸膜炎，肺有灰黄色坏死灶。

【诊断】根据流行特点、临床症状和病理变化可做出初步诊断。实验室检查出巴氏杆菌病原菌即可确诊。

【防治】巴氏杆菌是一种条件性疾病，应加强饲养、定期消毒，注意鹿舍卫生，以防本病发生。也可接种牛出血性败血病菌苗进行预防。巴氏杆菌对青霉素、链霉素与磺胺类药物都敏感，发病鹿可选此类药物救治。同时，根据病情，进行强心、补液等对症治疗。

二、鹿常见普通病

（一）仔鹿下痢

仔鹿下痢，是由于消化功能障碍或胃肠道感染所致的以腹泻为主症的疾病，是新生仔鹿的一种常见多发病。该病具有诊断难、隐蔽性强、病程短、死亡快等特点。由于病因的复杂性和仔鹿脆弱的生理防御系统，养殖者在诊断和治愈该病时有很大困难。每年该病都会造成大批仔鹿死亡，仔鹿死亡数占死亡总数的60%以上。

【病因】可分为病原性、应激性、生理性、过敏性、营养性等几个主要类型。近年来，对于外源性病原的控制比较好，病原性下痢已不是该病的主要类型。哺乳母鹿和仔鹿营养缺乏及不平衡是当前造成仔鹿下痢的根本原因。仔鹿感冒、圈舍泥泞潮湿、人工哺乳乳汁不好、母鹿乳腺炎等均可引发该病。

营养缺乏和不平衡可直接引发下痢。如母鹿饲料营养不全、不平衡，特别是微量元素（硒、锌），维生素缺乏（维生素 B_1），乳汁分泌不足，初乳中免疫抗体不足；仔鹿在补饲过程中吃了发霉变质的饲料或生大豆等过敏性食物，致使消化酶、胃酸分泌相对不足，从而造成消化不良而直接引发下痢。

【症状】病仔鹿排出黄色带乳块的粪，后期排白色粥状物，腹部蜷缩，精神不好，食欲下降或废绝。新生仔鹿肛门被舔舐频率较高，或群母舔舐一只仔鹿，或仔鹿肛门松脱，并伴有精神沉郁、离群、喜卧、不吃奶、消瘦等症状。

【病理变化】病仔鹿消瘦，皱胃内有凝乳块或空虚；肠内有气体，内容物稀薄，颜色为灰黄色、黄绿色或灰白色等；大肠中多有灰白色黏液或假膜；肠黏膜瘀血，个别有点状出血。

【诊断】动物下痢一般可通过粪直接发现。但对于鹿，由于母鹿有舔舐仔鹿肛门的习性，病初通过粪来诊断难度很大。但是若不能及早发现病仔鹿，将延误最佳治疗时机，严重影响治愈率。建议最好通过观察母鹿舔舐仔鹿肛门的频率、仔鹿肛门的收缩情况及精神状态，并配合直肠检查的方法进行确诊。如发现仔鹿肛门被舔舐的频率较高，或群母舔舐一只仔鹿，或仔鹿肛门松脱，并伴有精神沉郁、离群、喜卧、不吃奶、消瘦等特点时，要引起注意，勤于观察，必要时可进行直肠粪便检查来确诊。消化不良性下痢，一般为白色稀便，带有黏泡沫并混有粒状物，嗅之有酸味，不太臭。细菌性下痢，稀便为黄白色或黄绿色，严重时混有血液，恶臭。

【防治】采取预防为主、防治结合的措施。

预防：加强饲养卫生管理，防止病原入侵；保证母鹿营养，使其为仔鹿提供优质母乳；加强仔鹿的补饲，以增强其胃肠功能、提高仔鹿抗病力；加药饮水，以预防仔鹿下痢；增强饲养人员的责任心，及时发现病鹿。

治疗：目前对该病仍是采用促进消化、清肠利酵、调整胃肠机能、抑制病菌、适时收敛及强心补液的药物进行常规治疗，没有其他特效方法。但用药时要注意：

（1）由于新生仔鹿病情发展快，发现时已比较晚。临床中，内服用药治疗效果往往不很理想，一旦发病应尽快采取肌内注射和静脉注射的方法给药，这样可减少因给药捕捉仔鹿的次数，又可提高疗效。

（2）新生仔鹿心跳频率高，血液循环快，对药物吸收较快、排泄也快。另外，新生仔鹿野性强，捕捉易造成应激反应而降低其抗病力。因此，治疗时应减少用药次数，给足用药，药量一般为同种成年鹿的1/12～1/8。

（3）病菌适应性比较强，治疗中长期使用同一类药物，病菌极易产生耐药性，如发现常用药物治疗效果不明显时，有时换药可有明显效果。

（4）动物个体间都存在差异性，不同仔鹿对药物的敏感性和耐受性也不同，治疗中要注意仔鹿对药物的过敏性反应。仔鹿对金霉素、土霉素、四环素类药物敏感，长期应用易引起中毒，即使用此类药物治愈也会影响其后期的生长发育，所以一般不用此类药物。

慎用呋喃唑酮。该药用于治疗菌痢、肠炎时并不十分安全，新生仔鹿常会出现红细胞破裂引起溶血现象，严重的可危及生命。该药还与诺氟沙星颉颃。故用时如果出现肠出血要考虑换药。

（二）仔鹿缺硒症

缺硒症又称硒-维生素E缺乏症，是由于仔鹿硒的缺乏引起的肌肉细胞发生非炎性的透明变性和凝固性坏死的营养性疾病。

【病因】地区性缺硒，高寒地区长期缺乏青绿饲料，过饲豆科青绿饲料，维生素E缺乏都可引发本病。

【症状】初期仔鹿活动减少，继而站立困难，起立时四肢叉开，全身肌肉紧张，出现跛行。多数病仔鹿粪稀，有特殊酸臭味，食欲废绝，卧地不起，角弓反张，终因心肌麻痹及高度呼吸困难而死。

【病理变化】全身肌肉颜色变淡，左右对称出现，多呈鱼肉色，也称白肌病，肌肉结缔组织中有大量黄色胶样浸润。心脏扩张，心肌色淡，沿肌纤维走向有淡黄色混浊无光的不规则条纹病灶，心脏内积蓄大量凝固不全的血液。

【诊断】根据临床症状与剖检变化，饲料或地区是否缺硒、周围牲畜是否发生缺硒病进行诊断。

【防治】新生仔鹿出生后应及时补硒，生后一般 1～3 天肌内注射 0.1%亚硒酸钠 4 毫升，第 12 天再肌内注射 4 毫升。病仔鹿，肌内注射 4 毫升，间隔 1 天再注射 1 次，可治愈。因亚硒酸钠注射太多容易引起中毒，所以应按说明书严格操作。

（三）仔鹿舔伤

仔鹿舔伤是指母鹿产仔期发生过度舔舐仔鹿肛门的现象，使仔鹿肛门严重损伤，或者将直肠咬断，尾巴咬掉，甚至引起死亡。

【病因】尚无定论，一是母鹿有异嗜癖；二是母鹿缺乏微量元素与维生素。

【症状】病仔鹿肛门周围红肿发炎，排粪困难，常见干粪块堵塞肛门，弓腰努责而排不出粪。哺乳时后肢开张站立不动、尾巴抬起任母鹿舔舐。有的尾根及肛门周围出血。

【防治】无特效疗法。加强母鹿饲养，保证饲料全价，发现舔仔癖母鹿应将其隔离，定时看管哺乳。被舔肛仔鹿的肛门周围应涂抹消炎软膏，如磺胺软膏，或碘仿制剂（碘甘油）有一定疗效。

（四）鹿咬毛病

【病因】主要由于营养缺乏所致，如蛋白质中胱氨酸不足，长期缺少矿物质饲料或氯、磷、钙、钾等比例失调，特别是仔鹿生长、发育阶段和母鹿妊娠期间，钴、铜、硫等微量元素缺乏，都可引起该病。另外，鹿群密度过大，鹿舍阴暗潮湿，恶癖鹿及寄生虫也可引起本病。笔者认为与缺少盐有关，在野生状态下，鹿在冬春季节有舔舐盐碱的习性。

【症状】病鹿多见于冬末春初，开始舔舐墙，舔食异物，舐尿和粪等，尤其喜欢舐被粪污染的鹿腹部、腿部被毛。有的鹿背部被毛几乎全部被咬光，然后皮肤呈黑色，消瘦，偶有死亡。

【防治】改善饲养管理，合理搭配日粮，力求多样化，满足鹿对矿物质、维生素需要，应特别注意钙、磷比例搭配，保证盐的供给。发现咬毛的鹿和被咬的鹿应将它们隔离饲养。保持圈舍通风干燥，防止饲养密度过大。

三、鹿中毒性疾病

（一）发霉饲料中毒

【病因】饲料发霉变质，容易发霉的饲料有玉米、豆类、饼粕与大麦等，发生比较多的是玉米霉变，黄曲霉菌引起中毒。

【症状】病鹿减食，反刍停止，腹泻或便秘，腹痛，卧地打滚，伴有神经症状（兴奋或抑制），以急性胃肠炎为主，孕鹿流产、早产。

【病理变化】卡他性或出血性胃肠炎，软脑膜和脑实质性充血、出血。尸僵不全，血液凝固不良，呈黑紫色。

【诊断】确诊需检查饲料中的霉菌，必要时需做动物实验。

【防治】无特效疗法。储存饲料应防止霉变，发霉饲料不能饲喂鹿。发现病鹿时，应立即停喂原有饲料，对症治疗。可用盐类泻剂（如硫酸钠）泻下，再加制酵剂（鱼石脂和乙醇）内服，也可静脉放血，同时强心、补液、保肝、镇静。

（二）氰氢酸中毒

【病因】采食富含氰化物植物（如高粱幼苗、玉米幼苗、木薯、苦杏仁等）引起的一种急性中毒。

【症状】发病快，骤死。以高度呼吸困难为特征，呼出气味有苦杏仁味，可视黏膜鲜红。常伴有口吐白沫、腹痛、呕吐、抽搐与腹泻症状。

【病理变化】静脉血鲜红，凝固不良，胃内充满气体和未被消化的食物，内容物散发苦杏仁味。

【诊断】根据饲料与临床症状，实验室检查氢氰酸确诊。

【防治】

预防：禁止鹿采食幼嫩的高粱幼苗或玉米幼苗，特别是再生苗。木薯与亚麻饼要煮熟后饲喂。

治疗：采取特效解毒，放血排毒，强心补液疗法。静脉注射1%美蓝液30～50毫升，或1%～2%亚硝酸钠液40～50毫升，同时每隔3～4小时注射5%～10%硫代硫酸钠液50～100毫升。还可注射高渗葡萄糖液强肝解毒。

（三）亚硝酸盐中毒

【病因】由于食入富含亚硝酸盐的饲料，造成高铁血红蛋白症，导致组织缺氧而引起的中毒。富含亚硝酸盐的饲料有：萝卜、马铃薯等块茎类；白菜、油菜等叶菜类，特别是腐败的叶菜类；各种牧草、野菜、农作物秋苗和秸秆。这些饲料储存不当，鹿食后易中毒。

【症状】发病突然，经过短急，常在采食后1～5小时突然相继发病，好抢食的鹿发病快。最急性者无明显症状，稍显不安，很快窒息而死。急性的，表现为不安、肌肉震颤、步态不稳、全身痉挛、可视黏膜发绀呈蓝紫色，躯体末梢部厥冷，末期以呼吸与循环衰竭症状最为突出，病程12～24小时。

【病理变化】血液呈酱油色，凝固不全，肺气肿；瘤胃内充满未消化的饲料，充满酸败臭味气体，皱胃黏膜脱落，呈弥漫充血、出血；十二指肠及空肠水肿，胶冻样，内有棕红色油样食糜，大面积出血斑，肠黏膜脱落。

【诊断】根据临床特征和病程急做出初步诊断，确诊可采用亚硝酸盐测定与变性血红蛋白检查。

【防治】防止食入过多储存时间长、腐烂的饲料。发病的立即停用可疑饲料，用特效解毒药美蓝（亚甲蓝）、抗坏血酸（维生素C）治疗。美蓝按每千克体重0.1毫升静脉注射。同时，注射葡萄糖进行辅助治疗。

（四）食盐中毒

【病因】食盐为鹿的饲料成分，在配合饲料时，由于剂量不当，添加过多，或搅拌不匀，或长期缺盐，突然补加，造成鹿采食过多食盐发生中毒。

【症状】中毒后以腹痛和腹泻为主要表现。口干、黏膜充血，有口渴感找水喝，眼球深陷，皮肤弹性降低，血液黏稠呈现脱水症状。中枢神经系统呈现兴奋症状，肌肉痉挛、身体震颤。严重时双目失明、后肢麻痹。孕鹿发生流产，分娩后容易出现子宫脱出。

【病理变化】胃肠道内容物有大量食盐。

【诊断】根据采食食盐过量史，无体温升高和神经症状等特点确诊。

【防治】通过均匀加喂适量食盐，防止“盐饥饿”，保证饮水来预防。出现中毒的应立即停喂食盐饲料，控制饮水量，不可过量饮水，用利尿剂和油类泻剂促进毒物排出，同时进行辅助治疗。静脉注射5％或10％氯化钙调节体液平衡，25％山梨醇或高渗葡萄糖降低颅内压；注射硫酸镁、溴化钾等镇静剂缓减兴奋和痉挛发作。

第四节 鹿病药理

一、抗菌药的作用机制

抗菌药的主要作用机制如下：

1. 抑制细菌细胞壁合成 阻碍细胞壁的合成药物有青霉素类、头孢菌素类、杆菌肽、万古霉素、磷霉素。

2. 影响细胞膜通透性 多黏菌素B及多黏菌素E、两性霉素B、制霉菌素。

3. 抑制蛋白质合成 氨基苷类、四环素类、氯霉素、红霉素。

4. 抑制核酸代谢，影响RNA合成 利福平。

5. 影响叶酸代谢 磺胺类、TMP。

6. 抑制DNA合成 喹诺酮类。

二、抗菌药的合理应用

抗菌药在控制传染病方面有很大作用。但由于广泛应用带来了许多问题，如毒性反应、二重感染、细菌产生耐药性，特别是在滥用的情况下更为严重因此必须合理应用。

（一）严格掌握适应证

选用抗菌药时应结合临床诊断，致病、微生物的种类及其对药物的敏感性，并根据症状轻重，选择对病原微生物高度敏感和临床疗效较好、不良反应较少的抗菌药。

1. 青霉素类的适应证 青霉素G至今仍为鹿许多感染的首选药物。其主要适用证为炭疽、气肿疽、恶性水肿、钩端螺旋体病、李氏杆菌病、仔鹿肺炎双球菌败血症，以及敏感菌所致的呼吸道、生殖道及乳腺感染等。

2. 氨基苷类的适应证 链霉素主要用于巴氏杆菌病、副伤寒、放线杆菌病、钩端螺旋体病，以及各种敏感菌所致呼吸道、泌尿道、肠道感染，临床上多与青霉素G联合应用。由于细菌对链霉素易产生耐药性，因此可适当换成卡那霉素、庆大霉素等氨基苷类抗生素类。

3. 四环素类的适应证 四环素类主要用于鼻疽、李氏杆菌病、炭疽、布鲁氏菌病、丝状支原体肺炎等，及其他敏感细菌所致呼吸道、泌尿道、胃肠道感染和败血症。由于本类药物在临床上广泛应用，使某些细菌（特别是肠道杆菌和金黄色葡萄球菌）产生了耐药性，因此治疗效果远不如以前。

4. 氯霉素类的适应证 主要用于大肠杆菌和沙门氏菌感染，及其他敏感细菌所致的各种感染。

5. 红霉素的适应证 红霉素属大环内酯类抗生素，主要用于革兰氏阳性菌，对金黄色葡萄球菌、耐青霉素G金黄色葡萄球菌、链球菌、炭疽杆菌等的作用最强。其中，对耐青霉素G和四环素类的金黄色葡萄球菌感染尤为适宜。

6. 磺胺药的适应证 主要用于链球菌、肺炎球菌、沙门氏菌、化脓棒状杆菌、葡萄球菌、大肠杆菌、巴氏杆菌、炭疽杆菌感染，有些磺胺药如磺胺喹噁啉（SQ）、磺胺二甲嘧啶（SM2）、磺胺二甲氧嘧啶（SDM）等还能防治球虫病。本类药物与抗菌增效剂，如甲氧苄啶（TMP）、二甲氧苄啶（DVD）并用，可增强疗效，扩大治疗范围。

（二）用量应适当，疗程应充足

抗菌药的剂量不宜太大或太小，剂量太小起不到治疗作用；剂量太大，不仅造成浪费，还可引起严重反应。一般来说，开始剂量宜稍大，以便给病原菌以决定性打击，以后可根据病情而适当减少药量；对急性传染病和严重感染的剂量应增大；对肝、肾功能不良病畜应按所用抗菌药影响肝、肾程度而酌减用量；主要经肾排泄的抗菌药，治疗泌尿系统感染时，用量也不宜过大。

抗菌药的疗程应充足，一般传染病和感染症应连续用药3～5天，直至症状消失后，再用1～2天，以求彻底治愈，切忌停药过早而导致复发。对慢性病或某些特殊疾病（如结核病、坏疽等）则应根据病情需要而延长疗程。

给药途径也应适当选择，严重感染多采用注射法给药，一般感染和消化道感染以内服为宜，但严重的消化道感染引起菌血症或败血症时，应选择注射或与内服并用，乳腺炎及子宫内膜炎多采用局部注射法。

（三）注意观察病鹿反应，及时修改治疗方案

在用药过程中，应注意观察病鹿反应，如好转，则应坚持用药；如果毒性反应过大，则应改换其他抗菌药；如果疗效不佳，应考虑下列几种可能性，及时修改治疗方案。

（1）抗菌药选择不当，不能抑制致病微生物，此时应改换其他有效的抗菌药。

（2）剂量不足或给药途径不当，此时应增加剂量或改变给药途径。

（3）有潜在的感染病灶，由于病灶未进行处理（如未做排脓引流），故抗菌

药治疗无效。

（四）防止细菌产生耐药性，控制耐药菌传播

细菌产生耐药性后，不仅对原来敏感的抗菌药不敏感，并且会给人类健康造成危害，因此在临床治疗中，必须注意防止细菌产生耐药性，并控制耐药菌的传播。其主要措施有：严格掌握抗菌药的适应证；剂量要充足，疗程要适当，以保证有效血药浓度从而控制耐药菌的发展进而将其杀灭；必要时可联合用药，这是从不同环节控制细菌产生耐药性的有效方法之一。此外，还应注意下列问题：发热原因不明和病毒性疾病，均不宜轻易应用抗菌药；抗菌药的局部应用和预防性给药应严加控制，并应尽量避免长期用药。污染场所、用具的定期彻底消毒，也是控制耐药菌传播的重要环节；在流行某些传染性疾病的场所，兽医人员还应根据具体条件，将有效的抗菌药分期分批交替使用，对扑灭疾病、防止耐药菌株形成和传播也是一项有效措施。

（五）必须强调综合性治疗措施

抗菌药多数为抑菌药，仅为集体歼灭细菌创造一定条件，为了取得更好的治疗效果，在使用抗菌药的同时必须根据疾病发生、发病情况，进行综合性治疗：如改善饲养管理，增强机体抵抗力；采取适当必要的对症治疗手段；纠正水、电解质和酸碱平衡紊乱等。

（六）联合应用必须有明确的临床指征

联合应用抗菌药虽获得相加作用（药效为两药的总和）或协同作用（药效较相加作用更好），但有时也可产生颉颃现象和增强毒性反应。因此，必须有下列明确的临床指征。

（1）病情危急（包括病因不明）的严重感染或败血症。

（2）一种抗菌药不能控制的混合感染，如瘤胃穿刺引起的腹膜炎症、复杂的感染创、创伤性网胃炎、创伤性心包炎。

（3）长期用药，细菌有产生耐药性的可能，如结核病、尿路感染、沙门氏菌病等。

（4）抗菌药不易透入的感染病灶，如中枢神经系统感染等。

（七）防止影响免疫反应

磺胺药对某些活菌苗（炭疽芽孢苗、布鲁氏菌活菌苗等）的主动免疫过程有

干扰作用，这是由于菌苗中微生物被抑制，影响抗体产生所致。因此，在免疫接种疫苗前后数天内，以不用抗菌药为宜。如果免疫接种前用了抗菌药，则要等药效消失后，再行免疫，以确保抗体产生。

（八）抗菌药的选择及适应证

抗菌药的选择及适应证见表5-1。

表5-1 抗菌药的选择及适应证

病原微生物	所致主要疾病	首选药物	次选药物
葡萄球菌	化脓创、乳腺炎、败血症、呼吸道感染	青霉素G	红霉素、四环素、氯霉素、增效磺胺
耐青霉素葡萄球菌	化脓创、败血症、呼吸道感染、消化道感染、心内膜炎等	耐青霉素酶的半合成青霉素	红霉素、卡那霉素、庆大霉素、杆菌肽、头孢菌素
化脓链球菌	化脓创、心内膜炎、乳腺炎、肺炎	青霉素G	红霉素、四环素、氯霉素、增效磺胺
肺炎双球菌	肺炎	青霉素G	红霉素、磺胺药、四环素类
破伤风梭菌	破伤风	青霉素G	增效磺胺、磺胺药
大肠杆菌	消化道、泌尿道、呼吸道感染，以及败血症、腹部膜炎等	卡那霉素或庆大霉素	氯霉素、增效磺胺、多黏菌素、链霉素、磺胺药
沙门氏菌	肠炎、下痢、败血症、流产等	氯霉素	增效磺胺、呋喃类、四环素类
绿脓杆菌	烧伤创面感染、泌尿道、呼吸道感染、败血症、乳腺炎、脓肿等	多黏菌素	庆大霉素、羧苄西林
坏死杆菌	坏死杆菌病、脓肿溃疡、乳腺炎、腐蹄、肠道溃疡等	磺胺药、增效磺胺	四环素类
巴氏杆菌	出血性败血症、运输热、肺炎等	链霉素	增效磺胺、四环素类、青霉素、磺胺药
布鲁氏菌	布鲁氏菌病、流产	四环素+链霉素	增效磺胺、氯霉素
放线菌	放线菌肿	青霉素	链霉素

（九）抗菌药物的联合应用

四环素和氯霉素合用、链霉素与多黏菌素合用、青霉素与链霉素、磺胺药和抗菌增效剂。

（十）混合注射时要注意配伍禁忌

（1）四环素类最好单独应用，因与多种抗菌药（如青霉素、磺胺药、氯霉素、多黏菌素 B 和多黏菌素 E 等）有配伍禁忌。此外，也不宜与氢化可的松、碳酸氢钠、乳酸钠、氨茶碱、氯化钙等配伍。其他最好单独用的抗菌药有氯霉素、红霉素、卡那霉素、万古霉素、氨苄西林、新青霉素Ⅰ、两性霉素 B、磺胺药等。

（2）青霉素 G 钾盐不宜与四环素、磺胺药、卡那霉素、庆大霉素、红霉素、多黏菌素 E、万古霉素、两性霉素 B 并用，也不宜与氢化可的松、氯丙嗪、碳酸氢钠、维生素 C 等相混合。

（3）磺胺药特别是复方增效磺胺制剂，能与多种药物（如青霉素、四环素类、碳酸氢钠、氯化钙、氯丙嗪、维生素 C、维生素 B_1、复方氯化钠溶液等）都有配伍禁忌，用时也宜单独注射。

（4）氢化可的松与多种抗菌药有配伍禁忌。

Chapter 6 第六章

鹿产品的采收与加工

第一节 茸角的形态与形成

一、茸角的种类

茸角是鹿科动物特有的，它是雄性鹿科动物的第二性征（副性征）。茸和角是鹿角不同生长阶段的两种称呼。在生长初中期，未骨化的嫩角称为茸，即公鹿额部生长出来的已经形成软骨又尚未骨化的嫩角，俗称茸角；到生长后期，已骨化并脱皮裸露的白色骨质物称为角。

1. 按鹿种分 有梅花鹿茸角、马鹿茸角、驯鹿茸角、白唇鹿茸角、水鹿茸角等。

2. 按收茸方式分 可分为锯茸和砍头茸。锯茸是当茸生长到成熟阶段，用锯将其锯下的茸；砍头茸是在鹿生茸期，因死亡、年老、伤残等而不能继续饲养或经济价值下降的鹿，将其捕杀，取其头和茸，加以修整、水煮、烘烤而成砍头茸。

3. 按茸型分 根据茸的枝杈数目可分为初角茸（锥形茸）、二杠茸、三杈茸、四杈茸、五杈茸、怪角茸等。

4. 按加工工艺分 可分为排血茸、带血茸。

5. 按收茸茬数分 有头茬茸与二茬茸之分。一年中第 1 次收的茸称头茬茸；头茬茸锯后再生的茸称再生茸，可进行第 2 次收获，称其茸为二茬茸。

二、茸角的形态

鹿科动物种类繁多，茸角的形态与其大小、分枝多少、侧枝位置、主干弯曲度有关，因种类、个体差异而有不同表现，但同一种类的成年鹿茸角形态是相对固定的，有共同特征。

茸角的基本形态：①由茸根、分枝、主干和冠构成；②茸外被覆皮肤和茸毛；③均为实角，与牛羊的洞角不同，与长颈鹿的突角不同，与犀牛的毛角也不同；④除麋鹿外，在角柄和茸之间有珍珠盘；⑤有种的特征。

1. 梅花鹿角 梅花鹿角和茸的形态特征（图6-1、图6-2），每支茸主要由主干、眉枝（门桩、护眼椎）数个侧枝（分枝）构成，在珍珠盘以上4～10厘米处生出眉枝，其他侧枝从主干上依次分生出来。茸的横断面为圆形；茸皮呈肉红色、棕红色、杏黄色，少数呈黑褐色；茸毛纤细；主干向两侧弯曲，略呈半弧形；眉枝在鹿头部向前方横抱，尖端稍向内弯曲。眉枝与主干成锐角，眉枝不是从茸根直接分出，而是在稍高处长出，眉枝与第2分枝间的距离较大；从主干上分出一个侧枝，此时称“二杠茸”；出现第2侧枝时称“三杈茸”；梅花鹿茸达到完全发育时，从主干上分生出3个侧枝，此时称“四杈茸”。主干和眉枝之间连接部位称大虎口；第2侧枝与主干之间连接部位称小虎口；主干顶端与第2侧枝顶端部分称嘴头。茸完全骨化时称角，自然脱落。

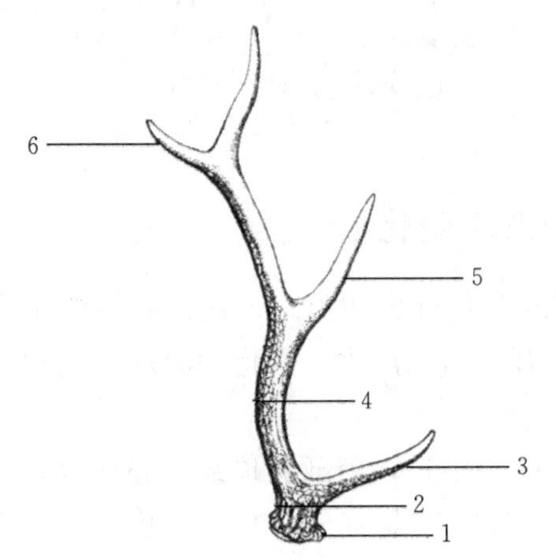

图6-1 梅花鹿角的形态

1. 角盘（珍珠盘） 2. 角根 3. 第1侧枝（眉枝）
4. 主干 5. 第2侧枝 6. 顶枝

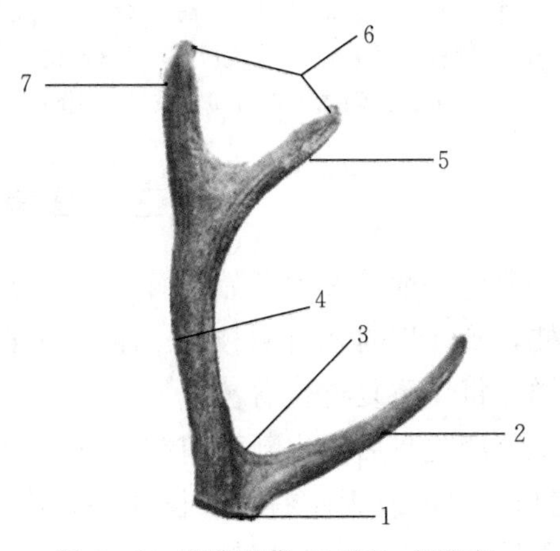

图6-2 梅花鹿茸（三杈）的形态

1. 锯口 2. 眉枝 3. 虎口
4. 主干 5. 第2侧枝 6. 嘴头 7. 顶枝

2. 马鹿茸角 马鹿角和茸的形态特征（图6-3、图6-4），角和茸较梅花鹿茸型大，侧枝多。茸皮呈灰色、褐色、红褐色；茸毛长而密，呈灰色；主干向后倾斜略向内弯曲；眉枝斜向前伸，与主干几乎成直角，眉枝（门桩，第1侧枝）从珍珠盘上方的茸基部与主干几乎同时分出（俗称坐地分枝），第2侧枝（二门桩）紧靠第1侧枝连续分出，两眉枝距离很近，第2眉枝与其他侧枝间的距离较远；其他侧枝的分生位置与梅花鹿茸相同。同样，茸完全骨化时为角，自然脱落。

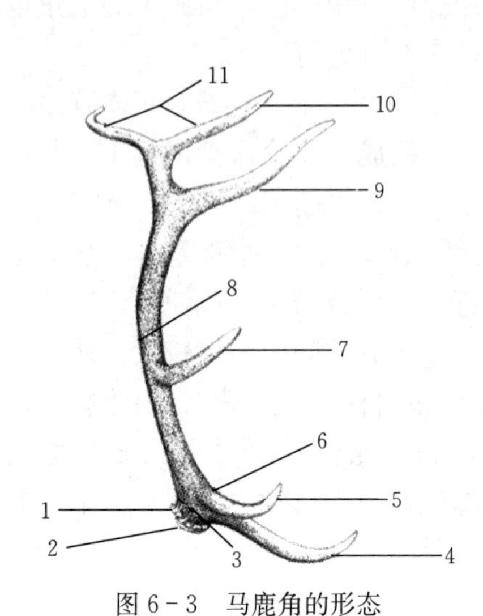

图 6-3　马鹿角的形态

1. 珍珠盘　2. 角基　3. 角根　4. 第 1 侧枝（眉枝）
5. 第 2 侧枝（冰枝）　6. 大虎口　7. 第 3 侧枝
8. 主干　9. 第 4 侧枝　10. 第 5 侧枝　11. 嘴头

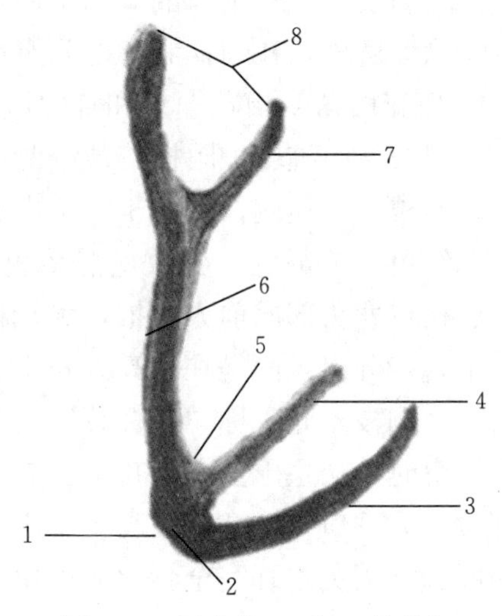

图 6-4　马鹿茸（三杈）的形态

1. 锯口　2. 茸根　3. 第 1 侧枝（眉枝）
4. 第 2 侧枝（冰枝）　5. 大虎口　6. 主干
7. 第 3 侧枝　8. 嘴头

三、茸角的形态变化

公鹿一般从 2 岁开始锯茸，2 岁公鹿的茸角称为初角茸。初角茸一般不出现眉枝，到 3 岁时才有眉枝的产生。成年公鹿茸角的产生，骨化和脱落与初角公鹿一样，每年重复进行着。

公鹿脱盘后露出新茸组织。茸的皮肤向心生长，渐渐在顶部中心愈合，称为“封口”。经 20 天左右鹿茸长到一定高度，开始向前方分生枝，马鹿连续分生 2 个眉枝。随着主干与眉枝向粗、长生长，至 50 天左右茸顶膨大，梅花鹿开始分生第 2 侧枝（上门桩），马鹿则分生第 3 侧枝。继续长到 70 天左右，梅花鹿将由主干向内侧方向分生第 3 侧枝，马鹿此时将分生第 4 侧枝，待到 85 天左右可生长成四杈。

根据鹿茸生长发育过程所处不同阶段，其外部形态也随着发生变化。在养鹿生产实践中，根据鹿茸外部形态的变化情况，形象地把各个生长阶段称之为“老虎眼”“磨脐子”“茄包”“鞍子”“莲花”“二杠”“三杈”等（图 6-5、图 6-6）。

鹿的花盘脱落以后，角基上有凝固的血迹，处于这种状态时称“老虎眼”，以后茸芽组织由四周皮部向内生长，与中间的血痂融合在一起形成微凹的碗状，

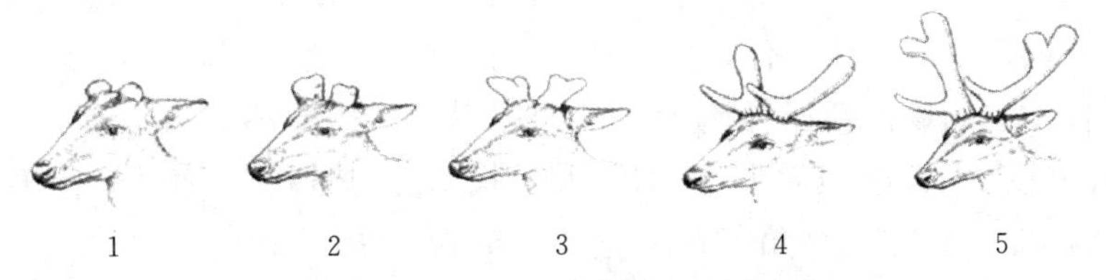

图 6-5　梅花鹿生茸期茸的形态变化

1. 磨脐子　2. 茄包　3. 鞍子（小鞍子）　4. 二杠　5. 三权

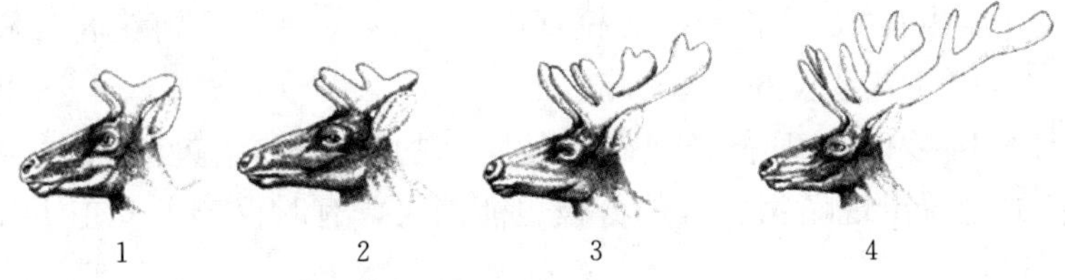

图 6-6　马鹿生茸期茸的形态变化

1. 小鞍子　2. 莲花　3. 三杈　4. 四杈

称为“灯碗子”。在角基上面茸的分生组织茸芽初期向上生长的情况称为“拨桩”。鹿茸长高至1.5～2 厘米时称为“磨脐子”。经过 10 天左右再向上生长 3～4 厘米时称为“茄包”。自鹿茸主干（大挺）分生出眉枝不久，因形似马鞍子，故称为“鞍子”。生长初期称为“小鞍子”，当主干生长至比眉枝高时称为“大鞍子”。再继续向上生长一定高度即称为“小二杠”。当主干比眉枝高出 6～7 厘米时从外形上看像黄瓜，又称“角瓜”。主干生出第 2 分枝的初期称为“小嘴三杈”，生出第 2 分枝的中期称为“大嘴三杈”，再生长一个阶段至分生第 3 分枝前称为“三杈”，即在形态上表现出主干、眉枝、第 2 分枝共有 3 个杈之意。第 3 分枝分生之后称为“四杈”。一般认为，梅花鹿鹿茸可生长到 4～5 杈，也有“花不到五”之说。骨质化的椎角称为“毛杠”，脱皮后称为“清枝’，脱了皮的三杈称为“清三杈”，脱了皮的四杈称为“清四杈”。这种情况在养鹿场很少出现，因为不等鹿茸达到骨化程度就已被锯掉。

马鹿茸的第 1 眉枝与第 2 眉枝很近，几乎同时发生，生产上称为“坐地分枝”。眉枝处于分生不久的状态时称为“马莲花”。根据眉枝生长的高度不同，又称为“小莲花”和“大莲花”。大嘴三杈再生长 10 天左右，主干与眉枝高达 6～7 厘米时，顶端呈扁状，凹陷而欲分枝时称“四平头”。茸继续生长，分枝与主干长短基本相等时称“四杈”。马鹿茸也有出现“五杈”的。从五杈顶端继续穿尖茸毛开始稀落，具有许多骨化斑，各个分枝端部也极尖细，称“五杈尖”。马鹿的角形大，分枝多，一般都能生长 6～7 个分枝，在 4～5 岁以前其分枝是逐年增加的。一般来说，3 岁时有 3 个分枝，4 岁时有 4 个分枝，5 岁时有 5 个分枝。但角的分枝不总与鹿的年龄相吻合，从 6 岁以后往往就不一致了。

茸角的整个生长过程为 100～120 天，脱茸皮的时间需 1～3 周。茸角在鹿发情前 3～4 周即行骨化。茸角发育最好的时期为 6～8 岁。

马鹿茸从脱花盘时算起，生长到 13～17 天时可以出现第 1 分枝，生长到 23～30天时出现第 2 分枝，生长到 46～52 天时可出现第 3 分枝，生长到 66～75 天时可出现第 4 分枝，生长到 84～90 天时可出现第 5 分枝。从脱花盘到锯茸止，马鹿茸四杈茸需生长 66～75 天，五杈茸需生长 84～90 天。梅花鹿二杠茸需生长 48～53 天，三杈茸需生长 60～65 天。

鹿到 12～14 岁时出现衰老现象，马鹿茸的分枝开始减少，眉枝出现退化，在生长眉枝的位置出现嵴突，其他分枝也能消失，有时仅剩下一主干和不发育的眉枝，角变得短而轻。

生产上是在生长结束前锯茸的，因此第 1 次锯茸后还能长出二茬茸来。二茬茸大部分没有固定的形状，仅少数马鹿二茬茸能出现规整的茸干和侧枝。鹿的二茬茸如同未经锯掉的茸角一样，也有骨化、脱皮和脱角过程。

四、茸角的形成

鹿茸角是公鹿和少数母鹿（如驯鹿）出生后从额部长出的附属结构，鹿茸角并不是直接附着在颅骨上，而是青春期在睾酮的刺激下从角柄上长出。梅花鹿公仔鹿在生后 8～10 月龄时由额部的皱皮毛旋处（额外嵴）覆盖的骨膜生出突起，形成角基，然后在角基上逐渐生长出初角茸。此过程一经完成，则在原位形成永久性的角柄，角柄来源于被覆于额骨特定区域的骨膜，该区域的骨膜称为生茸骨膜，角柄形成后，每年在角柄的顶端进行周期性的鹿茸再生和脱落，它是决定鹿茸再生的组织基础。鹿茸角再生过程与生殖周期密切相关，受性激素和一些相关因子调节。

每年鹿茸从角柄上再生，鹿茸再生过程分 5 个阶段，即脱落前期、脱落期、伤口愈合早期、伤口愈合后期和鹿茸再生早期、主干和眉枝形成期。春天鹿角从角柄上脱落形成伤口，伤口快速愈合，伤口愈合过程中鹿茸开始从角柄残桩远心端的角柄骨膜和皮肤交汇处再生，位于角柄前后部的角柄骨膜增殖分化形成前后生长中心，未来分别形成眉枝和主干。晚春和夏季是鹿茸的快速生长期，梅花鹿的鹿茸生长速度能达到 12.5 毫米/天，马鹿的甚至可达 27.5 毫米/天。到了秋季，鹿茸生长减缓，开始骨化，茸皮开始脱落，冬天鹿角紧紧地附着在角柄上，翌年春天鹿角脱落并触发新一轮的鹿茸再生。

鹿茸生长有一定的过程。初生仔鹿的额部不表现隆起，仅有左右对称的比较明显的皱皮毛旋，旋毛稍长色深。公鹿在生后翌年春季由毛旋处长出骨质突起，逐渐形成角基（通常称草桩），它是生长茸角的基础。马鹿在生后翌年春季，角基的长度可达 6～8 厘米，直径为 3～4 厘米，角基的皮肤同头部皮肤一样。到13～14个月龄，角基的长度可达 6～8 厘米，直径为 3～4 厘米，角基的皮肤变得更加软嫩，开始破皮，形成新的更加柔软的带有细绒毛的皮肤层。由于角基内血液循环加快，表面开始膨大，在皮肤内形成具有弹性的柔软的茸芽，它是以后茸角生长的基原。茸芽迅速生长、形成的茸角就是初角茸。

马鹿的初角茸长到 2～3 个月时，长度可达 40～50 厘米，然后生长停滞，茸角开始骨化，秋后茸皮自然脱落。幼鹿的锥形角如不锯取，整个冬季不掉，等到翌年春季 4 月末或 5 月初从角基部脱下。

梅花鹿初角茸的生长基本上与马鹿相同，仅在时间和大小上有所差别。幼年公梅花鹿额部的骨质突起出现得较晚，一般是在生后 9～10 个月龄时，其角基的长度为 2.5～3.0 厘米，初角茸的长度为 20～30 厘米。梅花鹿的锥形角在翌年5—6 月脱下。发育强壮的幼鹿的锥形角粗而长。梅花鹿的锥形角有时出现不大的分枝，而马鹿的锥形角则可形成一个或两个发育良好的分枝。骨化了的锥形角因无商品价值，一般不锯下。

鹿在每年春天脱掉骨质角。野生鹿未经过锯茸脱掉骨质角称为“脱掉干杈子”或“脱掉清枝”，在人工圈养下经过锯茸而残留的骨质角脱下时称为“脱花盘”。每年生茸前角基内部钙质被吸收，形成血循经路，输送营养，开始产生茸的原生组织，将角自角柄连接处顶掉。以后每年都有这一过程（图 6－7）。

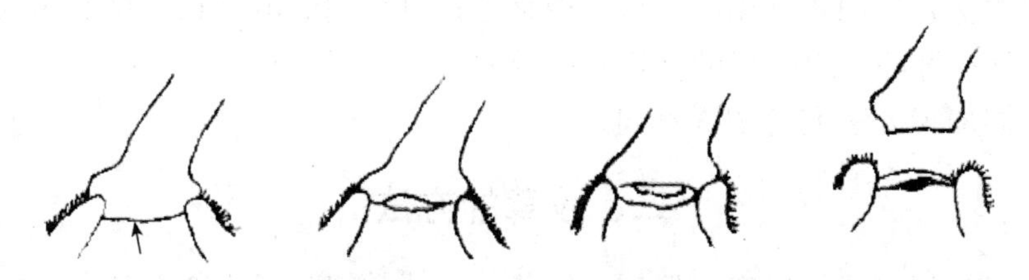

图 6－7　鹿脱角过程

我国各养鹿场因所处地的自然条件不同，鹿茸生长成熟时间也不一样。同一只鹿因每年气候情况的变化，其脱盘期也不固定。鹿脱盘时间的早晚，与鹿的种类、年龄、体况有关。在正常情况下，3 岁的梅花鹿多在 6 月脱盘，4～5 岁的集中在 5 月脱盘，6～7 岁的于 4 月中旬到 5 月中旬脱盘，8 岁以上的公鹿大部分在

4月上旬到4月末脱盘。公马鹿的脱盘期较同龄梅花鹿早25天左右。

鹿茸的生长强度、脱盘期和鹿茸的生长期随着年龄的增长而变化。鹿的年龄越大，则鹿的茸角成熟得越早，因此开始锯茸的时间也就越早。个别公鹿在冬季脱盘，到2月甚至1月即开始脱盘生茸。公鹿一般从2岁开始锯茸，2岁公鹿的茸角称为初角茸。初角茸一般不出现眉枝，到3岁时才有眉枝产生。成年公鹿茸角的产生、骨化和脱落与初角公鹿一样，每年重复进行。

第二节　鹿茸的收获方法与加工技术

一、鹿茸收获、加工的准备

1. 人员的准备　根据生产需要，选择健康、动作灵活的人员，根据具体技术要求进行人员分工。

2. 圈舍与保定设备的准备　检查和清除圈舍墙壁、栅栏等是否有损伤鹿茸的突出物，如铁钉、铁丝、尖木桩等，以防止伤鹿伤茸。对保定设备进行维修，尤其要注意保定器的夹板、踏板、附属拨鹿设备的门、推板的润滑与加固，使其坚固。用化学药物保定的，要准备麻醉药、苏醒药及急救类药品。

3. 鹿茸收获所需物资准备　收获鹿茸的物资准备，是鹿茸收获与加工物质基础，要求及时、数量足、质量好。

收茸所需物资包括保定绳、锯茸锯、止血药、止血带、接茸血的器皿，以及装鹿茸的器具、化学保定药物等。

4. 鹿茸加工所需物资准备　鹿茸加工用的物资较多，应事先准备齐全，并由专人妥善保管，如煮茸用的水锅、烫茸器；烘烤用的电烤箱；排血用的减压真空泵、胶管、漏斗，封锯口的烙铁；以及面粉、鸡蛋、石灰、针线、茸夹、温度计等。不同加工方法准备物资不同。

二、收茸的方法

收茸分时间选择、拨鹿、保定、锯茸、止血和解除保定6个环节。

（一）时间选择

收茸季节正值炎热的夏季。为安全和工作方便起见，通常选在晴朗的早晨，于早饲前进行。这样，一是早晨气温低，天气凉爽，锯茸后出血少；二是鹿处于空腹阶段，不会因麻醉呕吐引起异物性肺炎或窒息而死；三是此时场内十分安静，无不良外界刺激，利于拨鹿锯茸。雨天不可锯茸，以免雨淋创口发生感染化脓。

（二）拨鹿

为了安全和尽量减少不锯茸的鹿的骚动，一般要把准备锯茸的鹿尤其是种鹿从大群中拨出，圈入小圈。在大型鹿场，设有专用拨鹿的建筑设备。把鹿通过各种形式的小圈、通道，最终赶入保定器内。拨鹿时应沉着、细心，忌毛手毛脚、慌里慌张。要把鹿群稳住，要小心拨赶鹿只，切勿暴力赶鹿。否则，易炸群乱撞，伤损茸角。拨鹿时尽力勿使鹿受惊。

农家小户养鹿，也可就地保定锯茸，免去拨鹿过程。

（三）保定

保定是指对鹿的“制动”，即暂时限制鹿的活动。目前，保定分机械保定和药物保定。机械保定有麻绳套腿保定、麻绳吊腰（吊索式）保定、抬杠式保定、夹板式保定；药物保定主要用鹿常用麻醉药进行保定。目前，常用的保定方法是药物保定方法，个别大型鹿场仍采用夹板式保定。

1. 药物保定　现场锯茸主要采取麻醉保定方法（图 6 - 8）。

图 6 - 8　麻醉保定

（1）麻醉药品、器具　麻醉药品为鹿专用麻醉药。吹管，长 1.2～1.5 米，直径 2～2.5 厘米；麻醉吹弹，规格为 2.5 毫升。

（2）麻醉保定方法　采用全麻醉倒卧保定。

（3）麻醉药量　药物用量根据各种麻醉药使用说明确定。

注意：麻醉后注意鹿的呼吸、心率、瞳孔和反射等变化，做好防护救治准备。如出现过敏反应要及时注射安钠咖、地塞米松、肾上腺素等强心解敏类药物进行救治。

（4）苏醒　锯茸止血后，苏醒药品一般为鹿专用药品（如鹿醒宁），按药品说明进行注射。注射方法一般有肌内注射、静脉注射两种。静脉注射苏醒快，药物用量是肌内注射的 1/4～1/3，尽可能肌内注射，用此法鹿苏醒慢，不容易惊跑，以防出血。

2. 夹板式保定　保定时通过专用通道将鹿赶入吊圈，当鹿的四肢完全站立在升降踏板上时，由推板人发出保定信号，掌握操纵杆的人向上猛推操纵杆，通过滑动铁架的连动作用，夹板捧起鹿体，踏板下降使鹿的四肢处于悬空状态，用腰鞍压住鹿背，保定人员推开上滑动门后，抓住茸根，注意勿使鹿头左右摇摆以防伤茸，借助副夹板滑动将鹿头拉出自动门外，立即压下脖杠挡住肩部，即可锯茸。夹板式保定器见图 6－9。

1

2

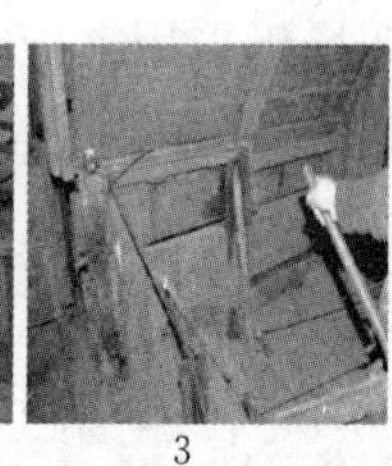
3

4

图 6－9　夹板式保定器

1. 后面　2. 正面　3. 侧面　4. 制动器

（四）锯茸

锯茸工具主要有医用骨锯、工业用铁锯、木工用刀锯、条锯等，要求条薄齿利。使用前用肥皂水洗刷干净，再用酒精棉球消毒。待鹿只保定确实后，将接血器皿放在茸根部接茸血。锯茸者一只手持锯，另一只手握住茸体，从珍珠盘上方 2～3 厘米处将茸锯下。要求锯茸速度快，以防止撕破茸皮；锯口断面必须保持平整，并与角冠平行，即残留在角柄上的茸的高度一致。

（五）止血

目前，锯茸止血药有七厘散、止血粉、消炎粉和各种中草药配制的复合型止血药。

止血方法，将止血药撒在底物上，如布片、塑料布、牛皮纸等，托于手掌上。当鹿茸锯下后，迅速将撒好止血药的底物按在留茬鹿茸断面上（角基锯面），按压数秒钟，使药物黏附在断面上，令血液凝固达到止血目的。对马鹿和产茸量高的梅花鹿，在锯茸前用寸带或草绳将角基扎紧（图 6－10），锯茸后将止血药压在锯口上，再用塑料布包住锯口，用寸带或草绳系紧，留活扣，绳头留长以便鹿自行踩掉，或于当天下午或翌日喂鹿时将其取下。

图 6－10 结扎止血

（六）解除保定

有效止血后，应尽快解除保定。机械保定时人员要同时发出放鹿信号，协调一致，鹿站稳后，打开前面，将鹿从保定器中放出。化学药物保定时按麻醉保定的苏醒方法解除保定。

三、鹿茸的加工技术

鹿茸加工就是将新鲜鹿茸脱水干燥，使其成为便于保存、运输和利用的成品茸的过程。鹿茸主要由柔软组织和血液构成，含水量高。将其干燥加工成成品茸是一个复杂的生物物理和生物化学过程。从鹿茸作为商品的角度考虑，成品茸不仅要求干燥、不易腐败、易长期保存，而且还要茸皮完整，具有鹿茸固有的优美形状和鲜艳色泽。因此，鹿茸加工是养鹿生产中直接影响产品质量和经济效益的重要环节之一，也是养鹿生产中技术性最强的一项工作。

(一) 鹿茸加工的基本原理

目前，鹿茸加工主要采取水煮、烘烤、风干3种手段相结合的方法，其核心是通过各种工艺手段，排出茸内水分，达到干燥、防臭、灭菌的目的，便于长期保存。

1. 水煮 水煮是鹿茸加工中一道极其重要的不可缺少的步骤（图6-11）。新鲜鹿茸含水量为60%～70%，并以游离态和结合态两种形式存在。游离态的水存在于组织间隙和细胞内，是各种物质的溶媒，流动性大，易通过皮肤蒸发出去；结合水与大分子结合，极为稳定，不易除去。新鲜茸皮致密性强，水分散失缓慢。通过沸水煮炸，使构成茸皮的蛋白质收缩变性，增大了组织的间隙，而且水煮加热使皮脂腺分泌的储存在皮肤中的油脂溢出皮表，排于水中，增加了皮肤的通透性，为茸内水分向外扩散打开了通道，这是水煮的重要作用之一。同时，水煮使鲜茸收缩、挤压而脱去部分水分。对于排血茸，水煮受热还可促使残留在茸内的血液随膨胀的空气和水汽一起从锯口排出，利于血液排净，提高排血茸品质。水煮是间歇进行的，这是因为热量有一个由外向内逐渐传导的过程，可使茸内、外部受热后加速水分子向外扩散及气化的速度。同时，茸皮热量也向外扩散，可防止茸皮因过度加热，组织结构破坏严重而松散，失去茸形。经过烘烤后，回水煮炸是为了防止茸内部与外层皮肤水分扩散不同步，外层皮肤水分散失蒸发过快而引起茸皮破裂。回水可给茸皮补水，增加其弹性和韧性。鲜茸水煮可使茸皮在急剧收缩时压迫皮肤血管排出皮血，使茸色鲜艳美观。另外，水煮还可

图6-11 鲜茸煮炸

杀灭茸表皮微生物，防止茸体腐败。但是经水煮的鹿茸如不经其他方法迅速脱水，腐败菌还会侵入，使茸腐败变质，所以水煮不是茸加工的唯一方法及终末方法，仅是鹿茸加工的第1步。

2. 烘烤 烘烤（图6－12）是在鹿茸水煮的基础上继续加热脱水的重要措施。经65～75℃干热烘烤，首先使茸表水分不断蒸发，继而形成由内向外含水量逐渐减少的压力梯度，促使水分渐渐外渗，而且水分子由于受热，向外扩散的速度不断加快，促成了鹿茸的脱水干燥。因此，外部空气温度越高，湿度越低，空气循环速度越快，鹿茸干燥就越快。但烘烤温度要适宜，温度过高、时间过长，由于外层首先接受热量，失水较快会造成茸皮破裂、焦煳，而内部仍有水分，达不到最终干燥的目的；如温度过低，不仅干燥速度慢，而且会提供微生物生长的适宜温度，引起糟皮。所以，为了加速鹿茸干燥，烘烤设备需安装电扇，在使箱内温度均衡的同时，促进空气流动；安装排湿设备，尽快排出箱内水汽，降低湿度。

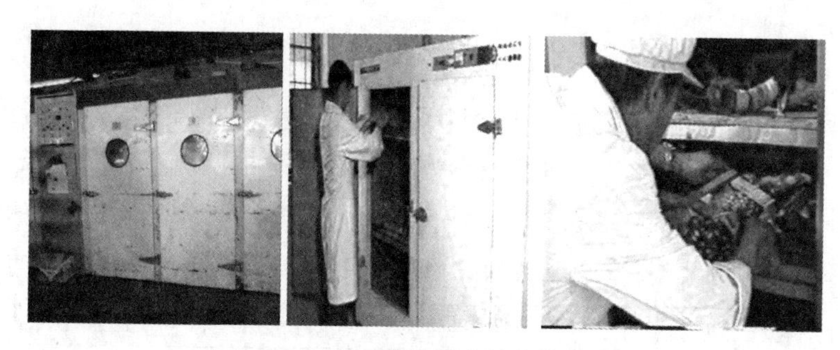

图6－12 茸及副产品的烘烤

3. 风干 风干（图6－13）就是鹿茸经水煮、烘烤之后，放在空气中任其自然干燥，蒸发掉部分水分。同时，给茸内部分水分向外部扩散提供充足的时间。

图6－13 茸的风干

总之，鹿茸加工就是水煮、烘烤、风干的综合利用，使茸内部水分和茸外层皮肤水分同步蒸发，从而既使鹿茸干燥，又保持了茸皮完整无损、茸形不变。

（二）排血茸的加工技术

鹿茸加工应在炸茸室内进行。排血茸的加工是通过煮前排血、煮炸加工、回水烘烤、风干煮头等工序，对各种新鲜锯茸进行处理，促使其排出茸体内血液，蒸散水分，加速干燥，获得优质成品茸。由于锯茸的种类、规格和枝头大小不同，其煮炸、回水烘烤时间也有很大差别，需根据实际情况灵活把握。

排血茸的加工基本程序：

编号、称重、测尺与登记→排血→刷洗→破伤茸处理→上架固定→第1次煮炸：第1次排水：水煮（10～50秒，反复6～15次）→冷凉（20分钟左右）→第2次排水：水煮（10～50秒，反复5～14次）→凉透→烘烤→风干→第2次煮炸（称回水）、烘烤、风干→第3次煮炸、烘烤、风干→第4次煮炸、烘烤、风干→煮头→烘烤、风干。

1. 煮炸前的处理

（1）编号、称重、测尺与登记　锯茸送入加工室后，必须立即进行编号、称重、测尺与登记，登记表设计参见表6-1。然后在茸根两侧各钉一枚长5厘米的钉子，拴上细绳，挂好标签。

表6-1　鹿茸登记

序号	日期	鹿号	编号	茸形	重量				长度（厘米）		围度（厘米）			加工员
					鲜重（克）	排血重（克）	干重（克）	折干率（%）	主干	眉枝	根部	主干	尖部	
1														
2														
⋮														

（2）排血　排血的方法主要有真空减压排血（图6-14）、真空循环排血、注气加压排血和注水排血等。

① 真空减压排血。首先检查真空泵及附件，使其运转正常，真空度良好时，操作人员一只手握住茸体，另一只手把胶皮漏斗扣压在茸的锯口上，攥住接触部位，吸滤瓶内空气被抽出形成负压，茸内血液便被吸入瓶内。每抽1～2分钟，瓶内血液出现血沫时，将漏斗拔开。如此反复数次，当血液断流，抽出血沫时，即可停止抽血。

② 真空循环排血。是在真空泵的排气孔上接一条长50～60厘米的橡胶管，

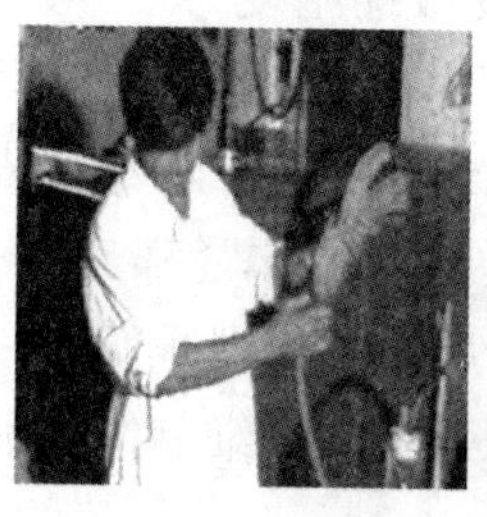
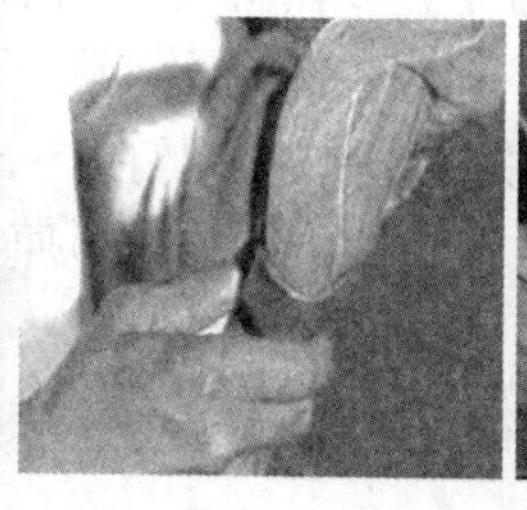

图 6－14　真空减压排血

其另一头安装上 18 号注射针头。开始抽血后，将针头插入茸头髓质部中，再按减压排血法操作，使吸滤瓶里的空气进入茸体，增加茸体内空气压力，加速排血。

③ 注气加压排血。无真空泵的鹿场，可采用注气加压排血法。即将 18 号注射针头接在打气筒上，刺入主干茸头髓质部约 2 厘米，一人右手握住针头，左手握住茸的虎口，另一人缓缓注气，切勿操之过急，否则易造成虎口或其他部位鼓皮。待锯口流出血沫时则停止注气。

④ 注水排血。也可以水代气，将胶管一端接在水龙头上，另一端装上针头，与注气加压法相同，插入茸头髓质部，打开水龙头，使水注入茸内，排出血液。此方法可使茸内可溶物也被排出，故现多已不用。

（3）刷洗茸体　水煮前，在 30～40 ℃温碱水中，用软毛刷子清洗鹿茸表面的污垢。排血茸加工在刷洗的同时用手指沿着茸表皮血管由尖部向根部挤压，可排出部分茸皮血液。

（4）破伤茸的处理　瘀血与血肿，在拨鹿锯茸过程中，由于碰撞会造成茸体局部瘀血或皮下出血。瘀血表现为鹿茸某处皮肤呈暗紫色或暗红色。处理方法是将茸放在 40～50 ℃温水中浸泡 10～20 分钟，或用 40～50 ℃的湿毛巾热敷伤处，并多次更换毛巾，使瘀血散开。如果呈现血肿，可用注射器抽出积血。如不处理，加工后鹿茸局部皮色乌暗，影响成品茸的品质等级。

① 存折。即为鹿茸的折断之处。已愈合的陈旧挫伤可不必处置。如果局部皮肤和茸组织出现新鲜折断，可进行调整复位，用缝衣大针固定后缝合茸皮，在伤口处涂上蛋清面粉，缠扎寸带后煮炸；如果茸组织折断而茸皮完好，可在折断处周围用 3～4 根长针斜钉入髓质部固定后水煮，至鹿茸干后拔掉长针。

② 破皮。茸皮破裂而无折断时，用清水将创口血液洗净，整复茸皮后，用棉线缝合；如损伤面积大而无法缝合时，可用寸带缠绕绑压，涂干面粉后煮炸。

③ 短茸根和偏口茸。即锯口离虎口太近或锯口过偏的鹿茸，可在茸根周围

缠1～2圈寸带，然后用小钉钉牢，以防煮炸时茸皮收缩糟皮。

(5) 上架固定 为便于进一步排血，可将鹿茸固定在茸架上。茸架有两种，一是带铁板卡的茸架。上架前先在锯口周围钉2～4个秋皮针固定茸皮，然后将茸根夹在卡齿中间，卡齿卡在锯口上0.7～1.0厘米处，拧紧螺旋，卡住鹿茸，即可水煮。二是带绳的茸架。上架前，需在锯口前后倾斜钉两根7.5～10厘米的铁钉，两侧各钉一根5厘米的铁钉，将鹿茸立在茸架上，用细麻绳前后左右缠绕固定住即可煮炸。

2. 煮炸加工 煮炸加工就是将鹿茸锯口向上，全部或部分多次反复浸入沸水中煮炸，并间歇冷凉，排出茸内残存的血液，把生茸煮熟，达到消毒防腐、加速干燥、保持茸固有形状和颜色的目的。这是一项操作复杂、细致，技术性强的工作，尤其是鹿茸收取后第1次煮炸，关系到最后成品茸的质量，是整个加工过程中最关键的工序。

(1) 煮炸时间 在加工中把收茸第1天的煮炸加工称为第1水；第2天的煮炸加工称为第2水，以后依次为第3水、第4水等。每天煮炸时，把间歇冷凉前后的入水煮炸称第1次排水、第2次排水，在每次排水中按入水次序又分为若干次。

煮炸时间是鹿茸加工中灵活性最大、最难掌握、最关键的技术。煮炸时间随鹿茸种类、规格、大小、老嫩等性状不同而变化。一般马鹿茸比梅花鹿茸耐煮；三杈茸比二杠茸耐煮。在相同规格的茸中，粗大肥厚的比细小老瘦的耐煮；茸毛细短、茸皮致密坚韧的耐煮。因此，在操作中，要根据锯口排血状态、茸皮紧缩程度和变化情况灵活掌握。排血茸加工时间参考表6-2。

表6-2 排血茸加工时间

茸 别	鲜茸重（千克）	第1次排水		间歇冷凉（分钟）	第2次排水	
		下水次数（次）	每次时间（秒）		下水次数（次）	每次时间（秒）
梅花鹿二杠茸	1.5～2.0	12～15	35～45	20～25	9～11	30～40
	1.0～1.5	9～12	25～35	15～20	7～9	20～30
	0.5～1.0	6～9	15～25	10～15	5～7	10～20
梅花鹿三杈茸	3.5～4.5	13～15	40～50	25～30	11～14	45～50
	2.5～3.5	11～13	35～45	20～25	8～11	35～40
	1.5～2.5	7～10	30～35	15～20	5～8	25～35
马鹿茸	4.0～10	11～12	80～100	25～30	7～8	50～80
	2.5～4.0	9～10	60～80	25～30	6～7	40～60
	2.0～2.5	7～8	40～60	20～25	5～6	30～40

（2）煮炸方法及注意事项

① 煮炸方法。首先将全茸浸入沸水中，只露锯口烫 5～10 秒，取出仔细检查有无暗伤。如发现虎口封闭不严或有伤痕，则需涂上 2～3 毫米厚的蛋清面，下水片刻，使其变性固着封闭，在伤口局部形成保护膜，增强抗力，防止在煮炸中破裂。然后便可进行第 1 排煮炸。第 1 排第 1～5 次入水煮炸时，应先将嘴头及茸干上半部在沸水中推拉、振荡、搅水 2～3 次，这称为“带水”，意在使茸尖部预先受热，有利于排血。之后，继续往下，放至茸根，在水中轻轻推拉或晃动，要注意锯口与水面平行，但绝对不能使锯口浸入水中。每次煮炸时间随下水次数的增加而逐渐延长。到 4～5 次下水时，由于茸皮紧缩，茸体受热，开始从锯口排出血液，此时应用长针挑一下锯口周围的皮内血管，拨出血栓；并由锯口向茸髓质部深刺几针，再用毛刷蘸温水涮洗锯口，以利于排血，再连续下水，适当延长或保持下水时间，直至大血排完，锯口流出血沫，茸头变得富于弹性，茸毛竖立，散发出熟蛋黄浓香气味时，便可结束第 1 排煮炸。间歇冷凉 20 分钟左右，茸皮温度降至不烫手时，开始第 2 排煮炸。第 2 排煮炸头次下水时间和第 1 排最后 1 次煮炸时间相同，以后逐次缩短。由于眉枝细、茸皮薄，抗热性差，在第 1 排中已基本煮好，故在第 2 排每次下水中间和出水前，需适当提根煮头，即把茸根和眉枝提出水面，只煮茸尖和主干上半部。也可事先在眉枝尖敷上蛋清面，以免糟皮。当锯口排出的血沫由多渐少，颜色由深红色变为淡红色，继而出现泡小量少的粉白泡沫时，说明茸内血液基本排净，全茸熟透，即可结束第 1 水煮炸加工。此时，将鹿茸全部连同锯口入水煮炸 10 秒左右取出，稍凉片刻，剥去蛋清面，用毛刷蘸温水轻轻刷去茸皮上附着的油脂污物，再用柔软毛巾或纱布擦干，卸架，放在通风良好的台案上风干。

② 注意事项。

a. 在整个煮炸过程中，应始终保持锅水沸腾。中途续水，须沸腾后方能下锅煮炸。

b. 要注意锅水和茸体的清洁，随时去掉漂浮在水面上的血沫，经常刷洗茸皮上的油污。

c. 每次入水都应煮到茸根，防止锯口离水面太远而煮炸不透，使皮内血液瘀积出现生根、黑根。

d. 煮炸过程中要随时注意检查，尤其当煮炸至大血后，容易在上下虎口两侧、主干弯曲处鼓皮，一旦发现鼓皮应及时针刺排血放气。针刺部位应在鼓皮处上下边缘或一侧，特别是虎口鼓皮时，不能直接扎虎口凹陷部和封口线。扎针时要平直刺入茸髓质部 1 厘米左右，拔针后见有血液和组织渗出液自针眼流出或放出气体，可用手指轻轻赶压把积液和蓄积气体排净。

e. 如鼓皮发现不及时，出现茸皮崩裂时，应立即停煮，以冷湿毛巾按住破裂处，使之迅速冷凉后，用寸带缠好进行烘烤。三杈茸眉枝尖糟皮包扎后可继续煮炸嘴头和主干，眉枝不再下水。

f. 在破皮、虎口、眉枝尖敷蛋清面时，薄厚应均匀，封闭要良好，在煮炸过程中仍须注意检查，发现撬边脱落时，应重新敷面。煮炸结束时，剥面动作要轻，以防粘掉茸皮。

3. 烘烤加工 水煮结束后，如有蛋清面，要立即轻轻剥去，刷净茸表污物，擦干凉透，待烘箱温度升到70～75℃（一般控制在73℃）时，将茸锯口朝下立放在烘箱中，以便使茸内尚未排净的余血顺流而下。但应注意锯口不可离热源太近，以防锯口烤焦或糟皮。鹿茸要立牢，且两枝茸不能有贴皮处。入烘箱后要随时检查温度，尽可能保持73℃恒温，烘烤30～50分钟，见茸皮上出现水珠时取出，擦净茸皮水分，同时仔细检查每枝茸，如发现皮下有积存的气体、液体，应趁热排出。检查和出箱时要小心谨慎，不要让茸相互碰撞，以免损伤茸皮。然后送风干室，茸尖向上立放于案台上或茸尖朝下挂在吊钩上风干。

4. 回水 经过第1水煮炸、烘烤加工后，第2～4天继续煮炸称为回水，可分为第2水、第3水、第4水。第1～3水煮炸要连日进行，第4水可隔日或连日进行，每次回水后都要进行烘烤。

（1）第2水煮炸与烘烤 煮炸操作过程和方法与第1水基本相同。第2水共煮炸两排，有时也可煮一排，每排次数和时间可参考第1水酌减，以煮透为原则。当锯口出现气泡时，即可停煮。如因第1水煮炸过轻，第2水时可能排出血沫，就应煮到出现白沫时为止。第2水皮色已定，煮炸时不必撞水，动作要稳缓。在水煮过程中如发现鼓皮仍需针刺放出气体和液体。如头水已针刺放气，回水时要注意针眼变化，若针眼过大，可涂蛋清面或干面粉，以防进水引起糟皮或臭茸。煮炸结束后，剥去蛋清面，刷净茸表污物，擦干凉透，进行第2次烘烤。烘烤温度、时间同前。

（2）第3水煮炸与烘烤 第3水可煮茸的上部2/3，通常仅煮一排，每次下水20～40秒，冷凉10～20分钟，茸根和眉枝应少煮几次，入水次数依茸头变化情况而定，一般开始煮时茸头较硬，经水煮后茸头变软。随着水煮次数增加，茸头又变硬且有弹性，即可结束煮炸，擦干冷凉，烘烤，温度同前。第3水煮炸和烘烤过程中，仍可能发现鼓皮和破裂现象，要随时注意检查和处理。烘烤后倒挂风干。

（3）第4水煮炸与烘烤 鹿茸经3次煮炸、烘烤，其下半部已脱水50%左右，呈半干状态，第4水时可煮茸的上半部，主要是茸头、嘴头，煮炸时入水深度为茸长的1/3～1/2。第4水很少出现破裂现象，每次入水时间可适当延长。煮至茸头有弹性时结束。然后以68～75℃烘烤30～60分钟。送风干室冷凉风干。

5. 煮头与风干 鹿茸经过4次煮炸后，含水量比鲜茸减少50%以上，此时应以自然风干为主，适当进行煮头和烘烤。

（1）煮头 茸尖部分较嫩，骨质较少，蛋白质、胶质较多，急骤干燥收缩会造成鹿茸空头、瘪头，因此在四水后，最初5～6天要每隔一天煮一次茸的上1/5～1/4的尖部，称为煮头。下水时间和次数没有任何限制，以煮透为标准，即把比较干硬的茸头煮软进而煮至较硬且稍有弹性的程度即可。经常水煮可使茸头缓慢收缩，保持原形，充实饱满。煮头后要短时间倒挂烘烤。以后可根据茸的干燥程度及气候变化情况，不定期地煮头与烘烤。如天气晴朗，可不必烘烤。

（2）风干 鹿茸每次煮炸烘烤后都需送风干室使其自然干燥，即风干。一般头三水锯口朝下立放在木架上或平放在案台上，四水后挂放在1.5～2米高的铁丝上。要按不同品种、规格、加工日数逐一排开放置，注意相互之间的距离，切勿相互碰撞造成损伤。每天由专人对风干的鹿茸进行检查，发现有茸皮发黏，茸头变软的鹿茸要及时回水和烘烤。特别是在空气湿度大的阴雨天，更应注意检查，增加煮炸次数，防止糟皮。风干室必须保持通风良好，干燥不潮，阴雨天及时关好门窗，随时扑灭蚊蝇，加强安全保卫和防火工作。

（3）顶头整形 由于二杠茸较嫩，加工中易出现瘪头，所以需要顶头整形。顶头整形是对二杠茸的一种美化，但会改变茸尖部的组织结构，影响切片质量，现多已不进行顶头整形。对加工中因鼓皮排液而出现的空皮处，要特别注意不要压破，等干燥后，再用湿热毛巾闷软，垫上棉团、纸卷，以寸带用力缠压，使其复原。风干后解去绑带。

6. 初角茸与再生茸的加工 初角茸和再生茸一般枝头小，茸形不规整，骨化程度大，含血量较低，加工比较简单，只需煮炸3～5次，见锯口流出血液即可停止水煮，连续烘干或自然风干即可。但为了增值，仍需多煮头，使茸头饱满。

（三）带血茸的加工技术

带血茸加工就是鲜茸不排血，封闭锯口后连续多次水煮和烘烤，使茸体中的水分快速散失，并进行煮头和风干，以获得血液全部保留在茸内干燥的成品茸。由于茸内液体有效成分不流失或少流失，不仅提高了产品质量而且鲜茸的干燥率增加 24%～32%，提高了成品率。

1. 鲜茸煮炸前的处理

(1) 封锯口　收茸后锯口向上立放于安全的地方，勿使茸血流失。首先封锯口（图 6－15），在锯口上撒一薄层（0.2～0.3 厘米）面粉，当面粉被血浸湿后，将烧红的平板烙铁放在锯口处 5～8 秒，锯口处形成焦黄色结痂，如结痂不牢可再烙 1 次或 2 次，堵住血眼；也可用吹发器直接烤锯口 5～8 分钟。此法时间长，耗能大；也可在头水煮炸结束后，将锯口煮一下，以达到封口目的。然后称重、测尺、登记。

图 6－15　烙铁封锯口

(2) 洗刷茸体　将封好口的茸，锯口向上，用柔软的毛刷在温碱水中洗刷茸体，再用温清水刷洗 1 次，擦干，然后在茸根两侧平钉两枚 5 厘米长的钉子，系上细绳和标签。

2. 煮炸与烘烤　从收茸当天到第 4 天，每天煮炸 1 次，烘烤 2 次。从第 5 天开始连日或隔日回水、煮头和烘烤各 1 次。到茸八分干时，根据茸头干瘪程度不定期煮头、烘烤。各次煮炸时间、烘烤时间和温度根据鹿茸种类、规格、枝头大小、老嫩程度灵活掌握（表 6－3）。

(1) 第 1 水煮炸与第 1 次、第 2 次烘烤　带血茸的煮炸不需上架固定，提住系在茸根两侧平钉上的细绳，即可煮炸。煮炸的次数与时间约为同种规格、相同重量排血茸的 3/10～5/10。煮炸时要严防锯口浸水，以免使锯口茸皮上缩和因受热不均出现暄皮、瘀血。煮炸后充分冷凉，仔细检查，在茸体枝干的弯曲部位、嘴头等处可预先针刺，以防在烘烤时鼓皮，然后将茸弯向上，横放在烘箱板上，68～75 ℃烘烤，烘烤时间应依茸的大小、老嫩程度而定。当茸出小水珠时取出，轻轻擦去茸皮上的水分，送到风干室平放，冷凉 2～4 小时。将第 1 次烘烤冷凉后的鹿茸弯朝下横放在 68～75 ℃烘箱，进行第 2 次烘烤，时间比第 1 次短些。烤透后，出箱擦干，送风干室平放风干。

表 6-3 带血茸加工时间表

收茸后天数	梅花鹿三杈茸					马鹿茸				
	煮炸		烘烤			煮炸		烘烤		
	下水次数（次）	每次时间（秒）	次序	温度（℃）	时间（分钟）	下水次数（次）	每次时间（秒）	次序	温度（℃）	时间（分钟）
当天	5～8	25～35	1	68～75	60～120	6～10	30～45	1	70～75	120～180
			2	68～70	50～100			2	60～70	90～150
第 2 天	5～6	25～30	3	68～70	50～80	6～7	30～35	3	68～70	90～150
			4	68～70	40～60			4	68～70	60～90
第 3 天	4～5	20～25	5	68～70	30～40	5～6	25～30	5	68～70	60～90
			6	68～70	25～30			6	68～70	40～60
第 4 天	4～5	15～20	7	68～70	20～30	4～5	20～25	7	68～70	40～60
			8	68～70	20～25			8	68～70	30～40

（2）第 2～4 水加工　每天按第 1 水的方法煮炸 1 次，烘烤 2 次。第 2 水后将茸尖向下倒挂茸体进行烘烤。第 3 水后将茸锯口向下立放烘烤。煮炸烘烤后不仅使茸脱水干燥，而且还能消毒防腐，增加茸皮弹性。

3. 煮头与风干　带血茸煮头风干的操作基本上与排血茸相同。

4. 带血茸加工注意事项

（1）防止鼓皮　由于带血茸水分含量高，在 2～4 次烘烤中，最易从大挺或虎口处鼓皮，须注意检查，发现后要立即刺皮放出水汽，待茸皮稍凉后在鼓皮处垫纸，并用寸带轻轻缠压后，继续烘烤或送入风干室风干。

（2）防止破裂　烘烤中应切实掌握好烘烤温度。如烘烤时间过长，温度过高，鼓皮发现不及时，均能造成茸皮破裂。一旦茸皮破裂，在以后的每次烘烤前均应垫纸并用寸带缠紧，压住裂口，以免裂口继续扩延和茸皮干碎脱落。

（3）防止糟皮和臭茸　由于鹿茸加工初期煮炸烘烤不及时、烘箱温度低、烘烤时间短、排气通风不良、破皮浸水、风干室潮湿等原因，致使茸皮韧性降低而变得脆弱，即糟皮，严重时导致鹿茸腐败变臭。如发生这种情况，则不能再进行煮炸，只能及时烘烤，适当增加烘烤次数和时间，直至烤干为止。

（4）防止空头与瘪头　空头与瘪头多因煮头不及时，使茸头风干萎缩，或烘烤过度，茸尖部胶质溶化渗入髓质所致。在加工中要注意检查，按加工要求及时煮头和适当烘烤。

（四）微波与远红外线综合加工技术

利用微波与远红外线加工鹿茸，是以我国传统加工方法为基础，综合国内外现代先进电子技术发展起来的。微波具有穿透性和选择性的加热功能，可使鹿茸内外同时受热，大大缩短了加热时间；远红外线具有很强的热辐射率，能迅速加热鹿茸，水分快速蒸发，大大提高了工作效率。此项技术仍然没有脱离水煮、烘烤、风干三大步骤。

基本工艺流程：

鲜茸→排血或封口→刷洗茸皮→冷冻保存→微波（解冻）加热→煮炸→冷凉→远红外线或微波加热烘干←→风干←→回水→煮头←→风干→成品茸。

煮炸、回水、风干、煮头等与常规方法相同。由于此项技术可以批量集中加工，新收鹿茸可按类别分别放入－15～－20 ℃的冷藏柜保存，茸间用清洁塑料布隔开，以免冻结粘连，保存时间以 15 天为宜。待冻存的鹿茸能满足批量加工时，取出送入微波炉内，进行间歇式或连续照射解冻。批量解冻时，使用微波功率 3.5～6.4 千瓦，每次可解冻鲜茸 25～30 千克，间歇照射 4～6 次，每次 2～3 分钟，间歇 3～5 分钟，当茸表温度达 15～20 ℃，茸头有弹性时停止照射。微波加热时，每次可加工鲜茸（含水 60%以上）10～15 千克，半干鹿茸（含水量 20%～30%）20～25 千克，每次加热 2～3 分钟，间歇冷凉 6～15 分钟，加热 3～5次，根据茸表及锯口变化灵活掌握，茸表尤其是嘴头、虎口处的温度不宜超过 40～50 ℃，放冷后继续加热。

使用微波炉时，要注意安全，电源电压不稳或箱内空载不能开机。开机时不能打开加热器内门。待关机后，才能放加热物品。

远红外线烘烤时，待烤箱预热好以后，将冷至常温的茸锯口朝上（带血茸）或锯口朝下（排血茸）或平放在木架上，1～3 水温度为 68～75 ℃烘烤 1～3 小时，4～6 水温度为 60～65 ℃，时间可适当延长，具体烘烤温度和时间，要依茸的种类、箱内容积的灵活掌握。三杈茸比二杈茸烘烤时间长；带血茸比排血茸烘烤时间长。要经常检查温度，保持恒定。

微波与远红外线综合加工技术，改善了作业条件，加工效率高，加工的茸头饱满、色泽鲜艳，有效成分损失少，成品等级高、质量好。

（五）真空冷冻加工技术

真空冷冻加工技术突破了鹿茸加工中沸水煮炸、高温烘烤、自然风干的传统模式，采用现代生物制品冷冻保鲜真空干燥技术，不仅使鲜茸内的水分在高真空条件下，速冻成冰直接升华脱水，干燥为成品，而且有效地保留了茸体内的活性成分，提高了产品质量。同时，将零星分散小量加工改成批量加工作业，大大提高了工作效率。

基本工艺流程：鲜茸→称重登记→常规水煮→冷凉→冷冻保存→真空干燥→成品茸。

鹿茸收获后，常规煮炸 2～3 次，使茸皮变性固缩，以防减压后茸皮膨胀破裂，洗净冷凉后，－20～－15 ℃的冷冻储藏，以便批量加工。将冷冻干燥箱预冷至－30～－15 ℃后，把鹿茸放入，冷冻 2～2.5 小时，开始抽真空，使真空度保持在 0.67～2.67 帕。一般二杠茸经 48～60 小时，三杈茸经 60～72 小时即可达到干燥标准。之后，煮头 2～3 次，即为成品茸。

第三节　其他鹿产品的加工

一、鹿茸片的加工方法

鹿茸片加工方法很多，传统的鹿茸片加工方法分去毛、软化、切片 3 个步骤。

1. 去毛　用无烟火燎去茸毛，用刀刮净茸表皮的油垢，刮时注意不要损伤茸皮，洗净或擦净茸皮。

2. 软化　依茸的种类与形状、茸质的老嫩，将鹿茸截成若干段，去掉针眼残次根。梅花鹿三杈茸截成嘴段、眉枝、主干下段。将茸的断端向下浸泡在 45°～55°的白酒罐中，通过毛细作用，使茸被酒润透。然后再在 50～60 ℃的烘箱内加热 2～3 小时，或用锅蒸，水沸腾后闷 1～1.5 小时软化。也可放在白酒罐中，冬季浸泡 7～8 天，夏季浸泡 4～5 天后取出，晾 2～3 天，待挥发一部分水分后切片。

3. 切片　按茸的部位（图 6－16）用鹿茸切片机切片，分出蜡片、特粉片、粉片、纱片、骨片等规格，用吸水纸垫压，使其干燥，按规格装盒、打封。

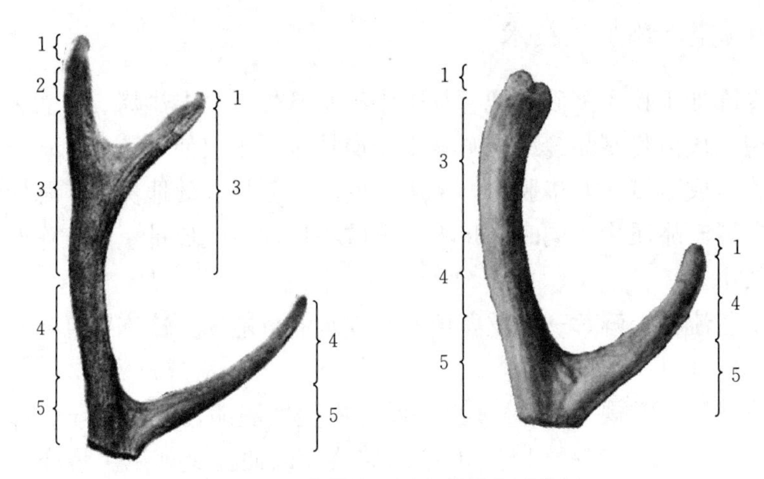

图 6－16　鹿茸片来源鹿茸部分示意图

1. 蜡片　2. 特粉片　3. 粉片　4. 纱片　5. 骨片

二、鹿胎的加工方法

1. 鹿胎的加工

（1）酒浸　用清水洗净鹿胎，晾干毛后放入 60°白酒中浸泡 2～3 天。

（2）整形　取出酒浸的鹿胎风干 2～3 小时，将胎儿姿势调整如初生仔鹿卧睡状态，四肢折回压在腹下，头颈弯曲向后，嘴巴插到左肋下，然后用细麻绳或铁丝固定好（图 6－17）。

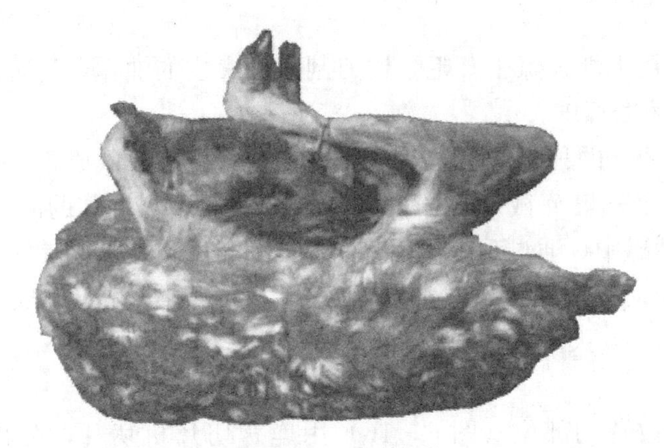

图 6－17　鹿胎整形

（3）烘烤　把鹿胎放入高温干燥箱的铁丝网上烘烤，开始时温度在 90～100 ℃，烘烤 2～3 小时，当胎儿腹部膨大时要及时用细竹签或铁针在两肋与腹侧扎眼放出气体和腹水，到接近全熟时暂停烘烤，切不可移动触摸，以防伤皮掉毛。冷凉后取出放在通风良好处风干，以后风干与烘烤交替进行，直至彻底干燥为止，干胎装于箱内，防止潮湿发霉。

烤鹿胎要求胎形完整不破碎，水蹄明显，皮毛呈深黄色或为褐色，纯干、不臭、不焦，具有焦香气味。

2. 鹿胎膏的制作

（1）煎煮　此法是鹿场的传统加工方法。用热水浇烫胎儿，去胎毛，用清水冲洗干净放入锅内，加水 15 千克左右进行煎煮。煮至胎儿骨肉分离，胎浆剩4～4.5 千克时用纱布过滤到盆里，放到通风良好的阴暗处，低温保存备用，冷却后呈皮冻样。

（2）粉碎　骨与肉分别放到锅内用文火焙炒。头骨与长轴骨可砸碎后再烘烤，至骨肉均已酥黄纯干时粉碎成 80～100 目的鹿胎粉，称重保存。

（3）煎膏　先将煮胎的原浆放入锅内煮沸，加入胎粉搅拌均匀，再加入比胎粉重 1.5 倍的红糖。用文火煎热浓缩，不断搅拌，熬至呈牵缕状不黏手时即可出锅。倒入涂好豆油的方瓷盘内，置于阴凉处冷凝后即为鹿胎膏。

优质鹿胎膏应色黑亮而富有弹性，切面光滑无毛，颗粒与红糖块不发霉变质。

有的地区将生后 3 日龄前未成活的仔鹿熬成胎膏，称为乳鹿膏。其制法基本上同未生的鹿胎膏。先在仔鹿蹄部切一小口，用气管向里充气使其身体膨胀后在切口上沿进行结扎。这是为了容易去掉身上的毛，不跑气。然后置于 60～70 ℃水中浸溶，刮净身上的毛。切成几大块，加水煮至骨肉分离。将骨肉捞出，烘干，碾成细粉，原汁保存备用。配制时把原汁烧开，徐徐加入骨肉粉，并按 1∶3 的比例加入红糖（骨肉粉 1 份，红糖 3 份）不断搅动，熬成膏状，倾于事先涂好油的瓷盘内，冷凝后即为乳鹿膏。

三、鹿筋的加工方法

1. 剔筋方法

（1）前肢　于掌骨后侧骨与肌腱中间挑开，挑至跗蹄踵部切断，跗蹄及籽骨留在筋上，沿筋槽向上挑至腕骨上端筋膜终止部切下。前侧的筋也在掌骨前肌腱与骨的中间挑开，向下至蹄冠部带一块长约 5 厘米的皮割断，复向上剔至腕骨上端，沿筋膜终止部割下。

（2）后肢　从跖骨与肌腱中间挑开至跗蹄，再由蹄踵割断，跗蹄与籽骨留在筋上，沿筋槽向上通过根骨直至胫骨肌膜终止处割下。后肢前面从跖骨前与肌腱中间挑开至蹄冠以上，留一块皮肤切断，向上剔至跖骨上端到跗关节以上切开深厚的肌群，至筋膜终止部切下。

2. 刮洗浸泡 剔除四肢骨骼后，把肌腱与所带的肌肉放在清洁的剔筋案上。大块肌肉沿筋膜逐层剥离成小块。凡能连在长筋上的肌肉尽量保留不要切掉，然后逐块把肌肉的筋膜纵向切开，剔去肌肉切掉腱鞘。将剔好的鹿筋用清水洗 2～3 遍，放入水盆里置于低温阴凉处浸泡 1～2 天。每天早晚各换 1 次水，泡至筋膜内部至无血色的程度，可进行第 2 次加工，将筋膜上残存的肌肉刮净，再浸泡 1～2 天，用同样方法再刮洗 1 次即告完毕。

3. 挂接烘干 鹿筋加工后，在跗蹄和留皮处穿一小孔用木条穿上挂起，把零星小块筋膜分成 8 份，分别附在四肢的 8 根长筋上，接好后 8 条鹿筋的长短、粗细基本一致，使之整齐美观，冷凉 30 分钟左右，挂到 80～90 ℃的烘箱内，直至烤干为止。干燥的鹿筋捆成小把入库保存。要放在通风干燥处，以防潮湿、发霉生虫，经常检查、晾晒。

鹿筋多半混等收购，以筋条粗长、色黄透明、跗部皮根完整、不脱毛无虫蛀的纯干货为好。

四、鹿尾的加工方法

将鲜鹿尾用湿麻袋片包上，放在 20 ℃左右温度下闷 2～3 天，用手拔掉长毛，搓去表皮，放在凉水中浸泡片刻取出，用镊子和小刀拔净刮光尾皮上的绒毛，去掉尾根残肉和多余尾骨，用线绳缝合尾根皮肤，挂在阴凉处风干，在炎热的夏季为防止腐败，可将鲜鹿尾放在白酒中浸泡 1～2 天，然后再按上法加工。马鹿鹿尾加工时要进行整形，使边缘肥厚，背面隆起，腹面凹陷。

另外，鲜鹿尾也可以用热水浇烫 1～2 次，拔掉尾毛刮净绒毛和表皮，缝好尾根，放到烘箱内烘干，加工梅花鹿鹿尾多用此法。加工后宜盛罐内，少加量樟脑以防虫，如出现白霉，可用冷水洗净，冬季可冻上保存，以冬春季加工的鹿尾较佳。尾根紫红色，有自然皱褶。夏秋季的鹿尾如保存不好常常变成黑色。加工后的鹿尾切成薄片擦油，用微火烤热，呈黄色，磨粉即可药用。

鲜鹿尾毛红黄色，尾根有油、肉。母鹿尾短粗，公鹿尾细长，尾头较尖。

五、鹿心的加工方法

鹿心加工时需先将血管结扎好，以防止心血流失，同时去掉心包膜与心冠脂肪。用 80～100 ℃的高温连续烘烤，快速干燥，防止腐败与烤焦。

六、鹿肝的加工方法

将鲜鹿肝放入沸水中烫几分钟，至针扎不冒血时取出切成薄片，放在70～80℃的烘干箱内烘干。

七、鹿鞭的加工方法

鹿鞭由公鹿的阴茎和睾丸部分组成（也称鹿冲）。公鹿被屠宰后，剥皮时取出阴茎和睾丸，用清水洗净。将阴茎拉长连同睾丸钉在木板上，放在通风良好处自然风干。也可用沸水浇烫一下后入烘箱烘干。加工后的鹿鞭用木箱装好，置于阴凉干燥处保存。

八、鹿角的加工方法

鹿角分砍角、锯角、自然脱落角、脱盘4种。①砍角、锯角。在10月至翌年2月间，将鹿杀死后，连同脑盖骨砍下，或自基部将角锯下，除净残肉，洗净风干。②自然脱落角。又称退角、解角、掉角。为公鹿于换角期自然脱落的角。③脱盘。又称鹿角帽、膜盘磴等，为公鹿锯茸后留下的残基与翌年脱落的角基。

鹿角胶的制法：将鹿角锯成9～10厘米的小段，或切片或粉碎，置于水中浸3～4天。将泥土洗净，血水净出后，加水以浸没鹿角为度。熬24小时后，将提取液以80～100目的筛子滤过（称为头汁）。滤液加矾少许，沉淀数小时，倾去上层清液，残渣与鹿角合并，再加水反复提取3次，至角酥易捏碎时为止。将4次提取液合并浓缩成胶，取出倒入铅制的长盘内约2.7厘米厚，放12小时后取出切成胶片，将胶片平摆在帘子上阴干。隔1天倒1次帘子，约2周即干透。再用白布将胶片擦一层油，装入盒中。本品一般为棕红色或棕黄色，半透明胶质。

鹿角霜的制法：鹿角经提炼鹿角胶后所余变酥的残渣晒干即为鹿角霜。

九、鹿骨的加工方法

剔净鹿骨上残留皮肉，将骨锯成小段，去骨髓，洗净晾干。

十、鹿皮的加工方法

鹿皮可制革，也可入药。

用于制革的皮，鹿屠宰后，沿腹中线将胸腹部挑开，沿前后肢内侧将中线皮挑开，用钝器将皮剥下，刮净残肉、脂肪，皮板朝上平铺，均匀撒上盐，向内折叠，冷冻保存，或自然阴干保存，批量送往制革厂加工。

药用皮的加工，将剥下的皮，刮净残肉、脂肪和毛，用碱水洗涤后，再用清水冲洗，切块，晾干或烘干备用。

第四节 鹿产品的等级鉴定

一、鹿茸的等级鉴定

鹿茸的现行分等方法仍沿用过去的规格标准。

1. 梅花鹿二杠茸

（1）一等 纯干、不臭、无虫蛀，加工不乌皮，大挺不存折，门桩存折不超过1处，顶端不拉沟，锯口无骨化圈，不破皮（虎口未封严处及硬伤不露茸除外），不怪角（虎口以下稍有包、棱除外），每副重165克以上。

（2）二等 纯干、不臭、无虫蛀，加工不乌皮，大挺不存折，门桩不折断，顶端不拉沟，锯口无骨化圈，大挺稍有破皮不露茸，不怪角（包、棱、奶子除外），每副重125克以上。

（3）三等 纯干、不臭、无虫蛀，大挺不折断，顶端不拧嘴，稍有破皮，大挺不怪角，每副重90克以上。

（4）等外 纯干、不臭、无虫蛀，不符合一、二、三等规格者均为此等。

2. 梅花鹿三杈茸

（1）一等 纯干、不臭、无虫蛀，加工不乌皮，大挺、嘴头不存折，质地松嫩，嘴头饱满，不拉沟，不破皮，不怪角，每副重500克以上。

（2）二等 纯干、不臭、无虫蛀，加工不乌皮，大挺、嘴头不存折，门桩不折断，嘴头比较丰满，不拉沟，嘴头不破皮，其他部位破皮不露茸，大挺、嘴头不怪角，每副重400克以上。

（3）三等 纯干、不臭、无虫蛀，大挺、嘴头不折断，顶端不拧嘴，嘴头不破皮（二等因嘴头破皮按三等收购），不怪角，但三杈不开嘴，无门桩者也按三等收购，每副重300克以上。

（4）等外 纯干、不臭、无虫蛀，不符合一、二、三等规格者均为此等。

3. 梅花鹿初角茸 纯干、不臭、无虫蛀，无三杈形（包括初角再生茸）。

4. 梅花鹿再生茸 纯干、不臭、无虫蛀，不拧皮，无三杈形。

5. 梅花鹿二杠砍头茸 细毛红地，短横粗壮，肥嫩，挺圆周正，四衬全美，大挺顶端不扁头，不拉沟，不鸳鸯，无空头，不破皮，不倒毛，不存折，不底老，不臭，脑骨坚实洁白，无腮漏骨，无残留筋肉，无虫蛀。后脑皮与后脑骨一齐，眼眶骨留50%，250克以上的新干货。250克以下者不能出口。

6. 梅花鹿三杈砍头茸 目前市场上很少有砍头茸。

（1）特等 细毛红地，粗横肥壮，四衬全美，挺圆不扁，嘴头肥嫩，不拉沟，不鸳鸯，不底老，不存折，不底漏，不破皮，不空皮，不黑根，不臭，无虫蛀。有豆，不超过全长的30%。脑骨坚实洁白，无腮骨，不残留筋肉，后脑皮与后脑骨一齐，眼眶骨留50%，每架重1 750克以上的干货。

（2）一等 有豆，不超过全长的40%，每架重1 200～1 750克的新干货。其他标准同特等。

（3）二等 有豆，不超过全长的50%，每架重1 000～1 200克的新干货。其他标准同特等。

（4）三等 有豆，不超过全长的50%，每架重850～1 000克的新干货。其他标准同特等，不符合上述规格者应酌情降等。

7. 带血马鹿茸

（1）一等 干货、不臭、无虫蛀、不骨化，茸内充分含血，分布均匀，肥嫩上冲的莲花，三杈茸不扁头，不拉沟，不破皮，不畸形，主枝及嘴头无折伤，茸头饱满，不空不瘪，每支重不低于500克。

（2）二等 干货、不臭、无虫蛀、不骨化，茸内充分含血，分布均匀，不足一等标准的莲花三杈茸及肥嫩的四杈茸，人字茸，不破皮，不畸形，茸头不空不瘪，每支重300克以上。

（3）三等 干货、不臭、无虫蛀、不骨化，不折断，茸内充分含血，不足一、二等的莲花，三杈、四杈茸及肥嫩的畸形茸，每支重不低于200克。

8. 排血马鹿茸 因国外无市场，一般不出口。国内收购可适当参考带血马鹿茸的规格标准。

二、鹿尾的等级鉴定

鲜鹿尾毛红黄色，尾根有油、肉。母鹿尾短粗，公鹿尾细长，尾头较尖。马鹿尾的价值较高，干货共分3个等级：

1. 一等 纯干货，皮细色黑，有光泽，肥大肉厚无根骨，背有细沟，无臭味、无夹馅、无空心、无熟皮、无残肉、无毛根、无残破、无虫蛀。重110～125克。

2. 二等 纯干货，皮细色黑，根骨小，背有抽沟，无臭味、无夹馅、无空心、无熟皮、无残肉、无残破、无虫蛀。重50～100克。

3. 三等 纯干货，色黑，皮略显粗，较瘦小，无臭味、无夹馅、无空心、无虫蛀。重 40～80 克。

马鹿尾皮粗色黑，无臭味、无夹馅、无空心、无虫蛀。重 25～125 克者一般列为等外。

梅花鹿尾不分等级，以色黑亮、无异味、无虫蛀、无毛根、长圆饱满，尾肉多者为佳品。

三、鹿茸片的等级鉴定

鹿茸片的等级从茸的顶端到根部，质量等级由高到低的顺序是蜡片、粉片、纱片、骨片，每种片又进行等级划分，梅花鹿排血茸片分级与马鹿带血茸片分级分别见图 6－18、图 6－19。

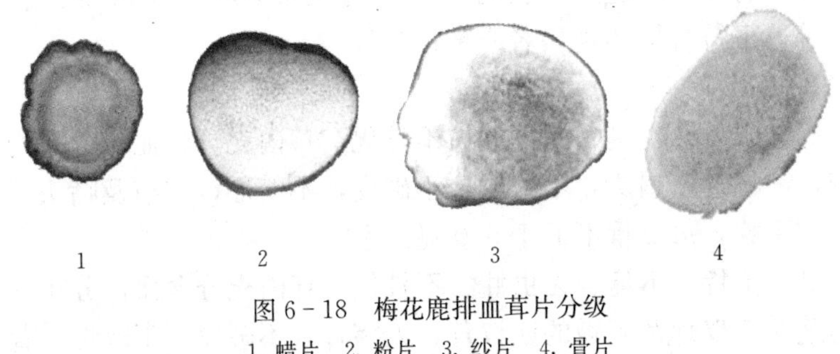

图 6－18 梅花鹿排血茸片分级
1. 蜡片 2. 粉片 3. 纱片 4. 骨片

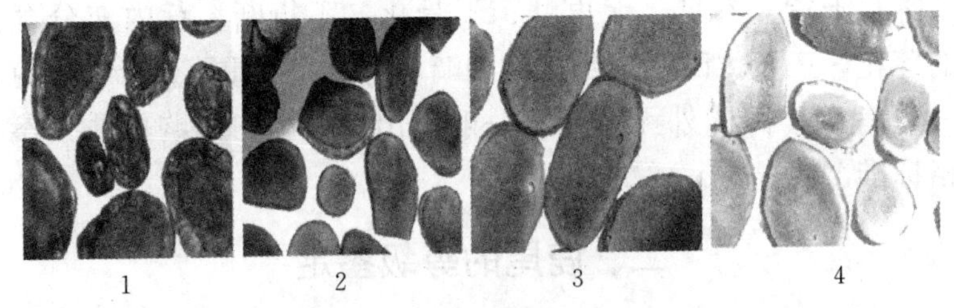

图 6－19 马鹿带血茸片分级
1. 蜡片 2. 粉片 3. 纱片 4. 骨片

1. 蜡片 蜡片也称“嘴片”，蜡片是选择鹿茸的顶尖部位切片而成的。鹿茸的顶端外皮较厚，但内质细嫩、组织致密、油润如脂、色泽蜡黄、晶如密蜡、品质最优，所切茸片称为蜡片。一架鹿茸能出蜡片的部分只占全枝茸的 2.0%～2.5%，切出的蜡片不过十几片。

2. 粉片 粉片是选择鹿茸中上段切片而成的。厚度均匀、片面整齐、组织致密、质地稍老、坚硬粗糙、没有骨质、片光起粉、油润较差，中间部分有肉眼可见的蜂窝状细孔，味有腥味，品质较蜡片次之。粉片有血粉片、白粉片两种。

3. 纱片 纱片又称“风片”“木通片”，是选择鹿茸中下段切成薄片而成的。纱片通常分为二纱片、三纱片、四纱片3种。

（1）二纱片 片面圆而整齐；组织致密，质较软而有弹性；纱眼细密，不漏纱；皮层与茸组织结合紧密。

（2）三纱片 片面圆而整齐；组织致密，质较软而略有弹性；纱眼明显，不漏纱，不破碎，有光泽；皮层与茸组织结合紧密。

（3）四纱片 片面圆而整齐；组织疏松，质较硬，无弹性；纱眼大，略有漏纱，不破碎；皮层与茸组织结合紧密。

4. 骨片 骨片是用最近骨端的鹿茸段切成的，质量比纱片差。

Chapter 7 第七章

貉的饲养概况

第一节　貉的分类、分布及价值

貉，俗称貉子、土狗、狸，属哺乳纲、食肉目、犬科，原产于西伯利亚东部，杂食性毛皮动物。现主要分布在中国、俄罗斯、蒙古、日本、朝鲜、越南、芬兰、丹麦等国家。

貉是珍贵的毛皮动物，貉皮属于大毛细皮，被毛蓬松，底绒丰厚，保温性好，抗磨防寒。貉绒轻便、丰盈、美观，是皮大衣、皮领等高档用品的原料；尾毛、背部针毛是高级化妆毛刷的原料；貉肉鲜美、营养丰富，又兼备治疗妇女寒症等药用价值；除此之外，胆囊可代替熊胆治疗肠胃病及小儿痫症，睾丸可治疗中风等，药用价值极高。

第二节　中国养貉现状

貉是我国三大主要毛皮动物之一，养殖规模在 1 300 万只以上，主要分布在山东、河北、辽宁、吉林、黑龙江、内蒙古等地区，其中山东、河北和辽宁养殖数量占全国的 70%左右。东北地区天气寒冷，资源丰富，貉的毛皮质量上乘，养貉业发展迅速。养貉业是现代新兴养殖业的重要组成部分。养貉业具有占地少、发展快、收入高、销路好的特点，国际裘皮市场需求旺盛，世界上不少国家开始发展人工养貉业。我国养貉业是从野生貉的驯养开始的，现已具规模，养貉业已成为当前致富的新兴产业。

貉属于特种经济动物，驯化时间短，野性强，因此在人工饲养方面存在一定难度，要求养殖者具有一定的技术和饲养水平。目前，我国貉的饲养技术和水平与家禽家畜饲养相比还存在较大的差距。养殖者难以适度把握貉的营养水平，影响其生产性能和经济效益。我国养貉业与芬兰、日本等养貉业发达国家相比还有较大差距，他们拥有较为成熟的技术和服务体系，饲料价格比较低，但我国劳动力丰富，也具有自身的发展优势。近年来，裘皮的生产、加工和毛皮动物养殖中心转移至中国，我国成为全球最大的裘皮生产与加工中心。总的来看，我国裘皮市场潜力巨大，全国各地都创办了养貉场，大都有种貉出售。河北省保定蠡县留史毛皮市场是中国最大的毛皮市场和售散地，是世界有名的毛皮市场之一。育成的商品貉可向养殖场（户）提供种貉，可向裘皮加工中心销售貉皮。

受经济疲软和行业产能过剩的影响，我国2015年水貂、狐、貉等毛皮动物养殖业进入“寒冬”，皮张价格持续走低。2015年7月，中国皮革协会对我国貂、狐、貉养殖存栏量进行了调查统计：全国貉存栏量2 510万只，与2014年相比，约减少了8.16%。辽宁省2015年存栏量为47.58万只，与2014年相比，增长了323.74%；吉林省2015年存栏量为8.5万只，与2014年持平；河北省2015年貉存栏量为1 740万只，与2014年相比，减少了9.61%；山东省2015年貉存栏量为694.55万只，与2014年相比，减少了11.86%。貉存栏量减少幅度相对较小，主要集中在山东省和河北省。2015年，貉存栏量最多的省份为河北省，占全国貉总存栏量的69.4%；山东省位居第2位，约占27.7%；辽宁省位居第3位，约占1.9%。

第三节　中国主要的貉品种

貉在我国分布极为广泛，几乎遍布各个省份，我国以长江为界，长江以南称为南貉，长江以北称为北貉。一般情况下，北貉较南貉体型大、毛长、绒厚，保温性好、毛皮质量更好；南貉毛齐平，颜色艳丽，底绒为亮橘色、针毛基部为橘黄色、毛尖黑色，针毛较柔软。

乌苏里貉：分布于俄罗斯、朝鲜及我国东北（大兴安岭、长白山、三江平原、辽宁新金及摩天岭）。体型大、毛绒丰厚、毛呈现青灰色，尾短。

朝鲜貉：分布于俄罗斯、朝鲜，我国的黑龙江、吉林、辽宁的南部地区。

阿穆尔貉：分布于俄罗斯及我国黑龙江、吉林东北部、辽宁部分地区。

江西貉：分布于我国江西及周围各省。

闽越貉：分布于江西、浙江、福建、湖南、四川、陕西、安徽、江西等地。针毛短、毛干细、底绒比东北地区的貉稍小，颜色呈现黄色，有黑色毛尖。

湖北貉：分布于湖北、四川等地。

云南貉：分布于云南及周围各省。

第四节　貉的生物学特性

貉的外形与狐相似，耳及吻部较短、体肥胖、腿短、尾毛蓬松、两颊部有淡色毛，四肢颜色较深，呈现黑色或黑褐色。北部貉毛绒颜色为青灰色略带橘红色，毛干颜色为三段，基部为黑灰色，中部为橘红色，尖端为黑色，绒毛为灰褐色，体毛长、蓬松，底绒丰盈。身体被毛黄褐色，两侧有黑色针毛成条纹状；腹部毛短，颜色浅淡，为浅灰色、浅黄色、浅褐色等。体型比狐小，体重 6～7 千克，体长 45～70 厘米，尾长 17～20 厘米，少数体型大者体重可达 10～11 千克，体长 80 厘米，四肢较狐短，前足 5 趾，一趾短而悬空，后足 4 趾，足垫无毛。

野生貉多栖息于河谷、山林、草原和靠近河流、溪谷、湖泊附近的荒草地带及丛林中，从亚寒带至亚热带，从平原至山地、丘陵等，均有分布，对不同环境具有很强的适应性。喜欢成对穴居，利用隐蔽性较强的天然石缝、树洞，或以狐、獾等其他动物遗弃的洞穴为巢。貉属群居动物，一般成对或双亲与幼貉同穴居住，入冬幼貉寻找其他洞穴与双亲分居。貉属于杂食性动物，野生貉以小动物（野兔、松鼠、林鼠、蛙、蛇、蜥蜴、鸟类、鱼、虾、蟹、蜜蜂等）和家畜家禽尸体、浆果、植物果实、根茎、叶等为食。排粪地点比较固定。貉属于夜行性动物，白天在洞穴中休息，晨昏前后或夜间外出觅食。貉运动神经不发达，行动比较缓慢，反应和听力均不灵敏，习惯于直线往返运动，性情温驯，野生貉会游泳、攀树，捕食鱼虾、昆虫或野果、谷物。

貉的消化系统生理特性介于肉食性动物和草食性动物之间，适合于杂食食物。有发达的咀嚼面也有锋利的牙齿，所以貉既可以咀嚼磨碎，又可以捕食与撕扯，消化道相对长度比肉食性动物长，比草食性动物短，食物经 40～50 小时被消化完，消化吸收能力比肉食性动物强。家养貉饲料中一般有鱼、肉、蛋、鱼粉、血、动物下脚料等动物性饲料；有玉米面、麦麸、高粱面、豆面、蔬菜等植物性饲料；还添加有酵母、盐类和维生素等添加剂类饲料。

野生北貉有冬眠的习性，时间一般为 11 月下旬至翌年 2 月底。人工养殖的貉并没有发现冬眠现象，只是在相应时间出现了食欲减退、运动量减少等情况。貉的天敌有猞猁、狼等猛兽和猛禽，貉寿命为 8～16 年，一年换一次毛，一年发情配种一次，发情配种在 2 月初至 4 月上旬，一般在 4—5 月产仔，平均产仔数 6～9只，多的可达 10 只以上，仔貉 9～12 天睁眼，8～30 天进食。2 月初，貉进入发情期，公貉表现出扒拉母貉或围着母貉跳跃等发情特征；母貉表现出外阴红肿、外翻、露于毛外、白色或黄色分泌物流出、尾巴倒向一侧或掀起等明显的发情特征。在母貉发情 4 天内进行多次复配，直至拒配。貉生命过程有严格的季节性，春夏季节代谢旺盛，秋季次之，冬季最为缓慢。繁殖季节性也强，冬末春初交配，错过即为空怀。毛生长也有一定的季节性，夏天脱冬毛长夏毛，秋天夏毛继续生长，长出绒毛形成冬毛防寒。

Chapter 8 第八章 貉的饲养管理

第一节 生产时期的划分

貉食性杂，消化生理特征介于肉食性动物和草食性动物之间，貉的生命过程有很强的季节性，一年四季所消耗的营养随季节变化而变化，秋天比春天和夏天少，冬天貉体内新陈代谢进行得特别慢，营养消耗最少。繁殖的季节性也很强，两年仅有一个交配期，即冬末和春初，错过这个时期母貉全年就要空怀。貉的绒毛发育也有明显的季节性。夏天到来脱掉冬毛，长出稀疏而短的夏毛，到了秋天，夏毛继续生长，并续出一些绒毛形成冬毛以利防寒。

为了便于饲养管理，根据貉不同生物学时期的生理特点和季节性繁殖的规律，将一年划分为不同的饲养时期。

一、成年貉饲养时期的划分

成年貉是指 8～9 月龄以后的貉，它们在生长发育上表现出与幼貉明显不同的特性。

成年貉的生长发育也有明显的季节差异，公貉与母貉也各不相同。总的来讲，可以分为准备配种期、配种期、妊娠期、产仔泌乳期、恢复期或静止期 5 个饲养时期。

1. 准备配种期 这个时期一般从 10 月开始，一直延续到翌年繁殖季节开始以前，即 1 月末或 2 月初。这是貉群积极恢复身体机能，为下一繁殖季配种繁殖做准备的时期。人们还根据准备配种期内貉生理、行为的侧重，分为准备配种前期及后期。前期主要是冬毛生长，时间为前 2 个月，而后 2 个月主要是为配种做准备。

2. 配种期和妊娠期 时间为 2 月初至 4 月末，这两个时期对于公、母貉来说长短是不一样的。成年公貉的配种期在 3 月底或 4 月初即告结束，然后即性欲衰退，不再具有较强的繁殖能力，也没有强烈的性冲动。而母貉在早期接受交配以后，往往大多受孕，随即进入妊娠期，此时期一般为54～65天，因此从整个母貉群体而言，妊娠期与配种期大部分重叠，妊娠期较配种期一般延后1个月或更长一些。

3. 产仔泌乳期 受孕母貉从4月底至5月初即进入产仔泌乳期。此期，母貉产出仔貉，并开始泌乳。泌乳期延迟至6月底至7月初，此时仔貉可断奶。

4. 恢复期或静止期 恢复期是貉经过繁殖期大量消耗体能以后恢复机能的时期，公、母貉时间长短不一。公貉在3月底4月初结束配种以后，即进入恢复期，一直到下次准备配种期开始，共6个月。而母貉结束配种以后，肩负起生育、哺乳仔貉的重任，因此母貉恢复期很短，只有2个月左右的时间。

二、仔幼貉饲养时期的划分

仔幼貉是指处在刚出生至长成成貉以前这个年龄段的幼龄貉。其饲养时期可划分为哺乳期和育成期两个时期。

1. 哺乳期 哺乳期是指刚出生至断奶前这段时期。从整个群体来讲，一般是从4月初至6月下旬，最迟到7月中上旬，延续90～100天，对于单个个体而言，60天左右即可断奶分窝。仔貉初生重只有90～120克，身上被黑色的短毛覆盖。10天左右开始睁眼，20天之前以母貉的乳汁为食，之后可以吃糊状食物。仔貉与幼貉的分界线在于是否断奶，断奶以前称为仔貉，断奶后称为幼貉。

2. 育成期 育成期是指幼貉发育成熟的时期。具体来说，是从幼貉断奶分窝至长大为成貉的阶段，时间一般从7—11月，一般45～50日龄断奶。而从12月开始即进入成貉阶段，处在成貉的准备配种后期，然后开始进入有生以来的第1个繁殖季节。幼貉生长发育速度很快，50日龄体重、体长都在迅速增加，50日龄后生长速度有所降低，但仍然较快，到了6月龄前后，体重、体长生长速度开始逐渐变慢，趋于成熟个体。

幼貉活动量很大，对食物的要求也越来越高，常在笼内不停地活动，很少安静下来。育成期的貉趋于成熟，表现在3个方面：一是逐渐形成了在固定位置排便的习惯；二是正常的饮食习惯，有一定的活动规律；三是分窝后养成的集群性。

育成期又可以分为前期和后期。前期尚处于快速生长阶段，而至后期发育基本成熟，并进入冬毛生长阶段，同时为进入成貉阶段做准备。事实上，后期同时又是准备配种前期。

第二节 各生产时期营养、日料配方参考标准

貉为杂食性动物，野生貉主要捕食鱼、鸟、鼠、蛙、虾、蟹、蚌、昆虫、蚯蚓等野生动物和畜禽尸体，也采食野果和谷物等。人工饲养条件下，貉的饲料种类和日粮标准应根据其营养需要和当地饲料资源情况制订。现将貉人工饲养的饲料种类、饲料的加工及配方介绍如下。

一、饲料种类

1. 动物性饲料 动物性饲料中含有丰富的蛋白质和其他一些营养成分，是貉日粮中不可缺少的成分，对貉的生长发育极为重要。动物性饲料主要来源于动物体，如各种鱼类，各种动物的肉和内脏、奶、蛋类（牛羊奶、鸡、鸭、毛蛋等），屠宰场畜禽的下脚料，以及加工过的鱼粉、肉粉、肉骨粉、羽毛粉、肝渣、血粉、蚕蛹粉等。

2. 植物性饲料 其范围广、种类多，主要为农作物、禾谷类作物籽实（如玉米、高粱、小米、大豆、小麦等，及其他加工的各种农副产品均需制成粉状）。这是貉的能量饲料，应在饲料中占有较大的比例，在貉日粮中不能够低于30%～40%。其他植物性饲料还有豆饼及水果、各种蔬菜和野菜等。

3. 添加剂饲料 添加剂饲料可分为两类，一是维生素饲料，如维生素A、维生素B_1、维生素B_2、维生素C等；二是矿物质饲料，如骨粉、食盐及人工配制的貉所需的钙、磷、钠、氯等和一些微量元素。

二、饲料的加工及配方

1. 加工 要先洗涤动物性饲料，除掉杂物，挑出腐烂变质部分。除海杂鱼和新鲜的无疫病的肉类绞碎可以生喂外，畜禽屠宰的下脚料和猪肉（除尽脂肪）等都应煮熟，晾凉后再与其他饲料混合饲喂。谷实类饲料的籽实要碾成细粉，按比例（如豆面与玉米面可按3∶7）混合，热制成粥或窝头，待晾凉后再与其他饲料混合。蔬菜类饲料喂前先洗净，切掉根部和腐烂部分，然后再生喂，菠菜要用热水烫一下再喂。药用酵母和饲料酵母，调制后可直接加入。鱼肝油和维生素E浓度高时，可用植物油稀释后加入。骨粉和骨灰可按量直接加入。食盐可按一定比例［1∶(5～10)］直接加入。各种需要喂的饲料按照上述说明配好后，混在一起，搅拌均匀即可。

以上三类饲料可根据貉的不同生长发育阶段和繁殖期的需要，按比例配合在

一起拌匀，加入适量的奶或水调饲，各生产时期饲料配方参见表8-1至表8-5。饲料的调制必须要注意卫生，比例要合理，干稀要适度。做到现喂现加工，不能一次加工太多，以防止存放时间过长，饲料变质，尤其是夏天天气炎热时更要注意。

2. 配方

（1）育成貉前期日粮配方　育成貉前期要求日粮中动物性饲料不低于40%～45%，后期不低于35%～40%，饼粕类饲料占5%～10%、果蔬类饲料占10%～15%、谷实类及糠麸类饲料占35%～40%。每天喂2～3次。早饲占30%，午饲占20%，晚饲占50%。若喂2次，则早饲占40%，晚饲占60%。

（2）配种期日粮标准　每年2—3月是貉的配种期。由于貉在配种期性欲旺盛，活动激烈，食欲普遍下降。为了弥补体力过度消耗，每天日粮必须营养丰富，适口性强。发育良好的母貉，进入配种期，这个阶段的日粮中，动物性饲料占比不低于30%～35%。此外，每天每只要增喂青绿多汁饲料（麦芽、谷芽或胡萝卜）175～250克，可每隔2天或3天喂一次大葱、蒜、韭菜、蒜苗等，以提高公貉的性欲，促进母貉发情。种公貉尽可以补充一些鸡蛋、牛奶等。没有牛奶的场点，也可用豆浆代替水拌食。

（3）哺乳期日粮配方　为了提高哺乳母貉泌乳量，促进仔貉生长发育，平均每天供给混合饲料750～1 000克。动物性饲料占40%～45%（其中，乳类应占50%左右），饼粕类占5%～7%，谷实类及糠麸类饲料占35%～40%，可适量增加糠麸类饲料喂量，果蔬类饲料占10%～15%。此外，每天每只母貉补饲食盐3～5克，骨粉15%～20%、酵母片（干酵母）2～3克和适量维生素等添加剂。

表8-1　幼貉育成期日粮参考配方

饲料成分	鱼及肉类（%）	畜禽副产品（%）	鸡蛋（%）	谷实类（%）	蔬菜（%）	酵母（%）	骨粉（%）
所占日料比例	10	10	3	63	10	2	2

注：额外补饲食盐2.5克/(只·天)，维生素A 500国际单位/(只·天)。

表8-2　幼貉的日粮标准

月龄	日粮（克/只）	热量（千焦）	饲料重量配比（%）				
			鱼及肉类	熟制谷实类	鱼及肉类副产品	蔬菜	骨粉及其他
3（7月）	262	1 881	40	40	12	5	3
4（8月）	375	2 508	40	40	12	5	3

（续）

月龄	日粮（克/只）	热量（千焦）	饲料重量配比（%）				
			鱼及肉类	熟制谷实类	鱼及肉类副产品	蔬菜	骨粉及其他
5（9月）	487	2 717	35	40	12	10	3
6（10月）	510	2 842	35	40	12	10	3
7—8（11—12月）	487	2 717	30	60	10	—	—

表8-3 成年貉饲养标准（重量比）

月份	日粮（克）	日粮组成（%）				
		鱼及肉类	内脏下杂	熟制谷实类	蔬菜	其他
9—10	487	20	—	60	20	—
11—12	375	30	—	60	10	—
1	375	30	10	60	—	—
2	375	20	12	60	5	3
3	412	20	12	60	5	3
4	487	20	12	60	5	3
5—6	487	20	12	60	5	3
7—8	475	20	12	60	5	3

表8-4 成年貉饲养标准（热量比）

饲养时期	总热能（千焦）	日粮组成（%）				
		鱼及肉类	熟制谷实类	乳类	蔬菜	鱼肝油
7—11月	2 717	30～35	53～58	—	10	2
12月至翌年1月	2 383	35～40	50～55	—	6	4
配种期	2 006	50～55	29～34	5	3	3
妊娠前期	2 508	45	37	10	5	3
妊娠后期	2 926	45	37	10	5	3
哺乳期	2 717	45	38	10	4	3

表 8-5 貉妊娠期的饲养标准

时间	热量（焦）	饲料							
		日粮［克/(只·天)］	鱼及肉类（%）	鱼及肉类副产品（%）	谷实类（%）	蔬菜（%）	酵母［克/(只·天)］	食盐［克/(只·天)］	骨粉［克/(只·天)］
前 10 天	1 648～1 854	400	25	10	55	8	15	5	13
中期	1 854～1 978	430～450	35	10	55	8	15	5	13
后期	2 060～2 472	500	25	10	55	8	15	5	13

第三节 貉各生产时期的饲养管理

一、准备配种期的饲养管理

每年 10 月至翌年 1 月为准备配种期。秋分过后日照时间逐渐缩短，貉的生殖系统开始发育。随着日照时间的增加，貉的内分泌活动加强，性器官迅速发育，至翌年 1 月末，公貉睾丸中已有成熟的精子，母貉卵巢中形成成熟的卵泡。貉在入冬前采食量多，在体内储存大量的营养物质，为生殖活动提供保障。

1. 准备配种期的饲养 供给生殖器官发育和换毛所需营养，并储备越冬期所需的营养物质。准备配种期是一个较长的准备过程。

在准备配种期，后备幼种貉还处于生长发育后期，成年公貉在配种期和母貉在产崽哺乳期体力消耗很大，都需要一个恢复体力的过程。从 8 月末到 9 月初，貉性器官开始发育，以迎接下一个配种期的到来。

为加快种貉体力恢复，公貉在配种结束 20 天内、母貉在仔貉断奶后 20 天内，饲料营养水平仍要保持原来水平。8 月末到 9 月初，生殖系统开始初步发育，饲料营养水平要有所提高，每天需 410 千焦代谢能、8 克可消化蛋白质、5～10 毫克维生素 E。貉从 12 月中旬开始进入准备配种期的关键阶段，饲料营养水平要进一步提高，每天需 418 千焦代谢能、多于 10 克的可消化蛋白质、10～15 毫克维生素 E，动物性饲料的比例可适当提高。此期，若商品貉营养不良，则导致毛绒品质低劣、涨幅缩小。

2. 准备配种期的管理 增加光照：光照是诱导动物发情的重要因素之一。为促进貉性器官正常发育，要把貉放在向阳处，让其有充足的光照。

防寒保暖：准备配种后期天气寒冷，为减少貉抵御寒冷而消耗营养物质的量，必须做好小室的保温工作。保证小室内有干燥的垫草，填补小室的漏洞，勤换草垫。

保证日粮和饮水充足：准备配种后期天气寒冷，饲料结冰影响貉采食，在投放饲料时应适当加温。最好采用自动供水系统供水，条件不允许的每天至少提供2～3次饮水。

加强训练：通过食物引诱等方式进行驯化（尤其是声音驯化）使貉不怕人，以减少其对外界声音的过度应激反应。

调整体况：种貉体况与其发情、配种、产崽等密切相关，体况过肥过瘦都不利于繁殖。在准备配种期须经常关注种貉的体况，保证营养均衡，使得种貉具有标准体况。鉴别种貉体况以眼观手摸为主，并结合称重资料进行分析。种公貉体况过胖，一般性欲较低；母貉过胖，卵巢易被脂肪包埋，影响卵子正常发育。过胖的貉可以适当增加活动、减少保暖措施、适当减少进食量。过瘦的貉全身被毛粗糙无光泽，要适当增加营养。在配种前和配种过程中，应适当增加种貉的运动量，并增加寒冷刺激，促进新陈代谢，增强活力提高性欲。

做好消毒工作：在配种前期要对笼舍进行彻底消毒。

二、配种期的饲养管理

貉的配种期较长，一般为2～3个月，个体间有很大差异。此期饲养管理的中心任务是使尽量多的母貉都能适时受配，确保配种质量，使受配母貉尽可能受孕。

公貉配种期内每天交配1～3次，在整个配种期完成3～10次的交配任务，在此期间公貉营养消耗量较大，因兴奋食欲下降、体重减轻。母貉在此期间营养消耗量也大。故在此期间应增加营养，精心管理，让公貉保持旺盛持久的配种精力。

1. 配种期的饲养　此期饲养的中心任务是使公貉有旺盛持久的配种能力和良好的精液品质，使母貉能够正常发情，适时完成交配。此期因性欲冲动、精神兴奋、表现不安、食欲下降、运动量增加，应供给优质全价、适口性好、易消化的饲料，适当提高日粮中动物性饲料比例，并丰富饲料种类，如蛋、鲜肉、肝、奶等。丰富的饲料会降低公貉的活跃性，从而影响交配能力，故喂食前后30分钟不要参加配种。

2. 配种期管理

（1）检测笼舍　配种期因貉较兴奋，有时会逃笼，在配种期间应及时检查笼舍的牢固性，同时在参加配种时操作人员也要做好人身防护工作。

（2）做好发情鉴定和配种记录　在配种期间，首先要对母貉进行发情鉴定，以便掌握最佳配种时机。对近期发情的要天天检查其发情情况。对首次参加配种的公貉要进行精液品质检查，以确保配种质量。配种期间做好配种记录，记录交配公、母貉的编号，交配日期、时间及情况。

（3）满足饮水　配种期间貉运动量增加，加之气温逐渐回升，每天需水量也相应增加，使用自动饮水系统的饲养场要每天检查水嘴水流情况，确保每个水嘴都正常工作，没有自动饮水系统的饲养场每天至少加 3 次清水。

（4）鉴别发情和发病　貉在配种期食欲下降，母貉这种情况更严重，有的连续几天不进食。此时，要精准鉴别貉是发病还是发情。对于发病貉应及时处理，避免病情加重或疾病在全群蔓延。

（5）营造良好的配种环境　在配种期要保证场区安静，谢绝参观，在进行各种操作时不可采用强硬甚至暴力措施。配种后若发现貉互相攻击，应及时将它们分开。

三、妊娠期的饲养管理

从受精卵形成到胎儿分娩的这段时间称为妊娠期。此期是决定生产成败的重要时期。饲养管理的中心任务是做好保胎工作，保证胎儿正常发育。此期间母貉的乳腺开始发育，冬毛褪去开始更换夏毛。

1. 妊娠期的饲养管理　此期是母貉营养需要最旺盛的时期，既要供给胎儿生长发育所需的各种营养，同时还要为产后泌乳储备营养。饲养不当会导致母貉将胚胎吸收掉。

妊娠期母貉性欲下降，食欲大增。应供给品种多样、营养丰富、适口性强、全价易吸收的饲料。妊娠期天气逐渐转暖，要保证饲料品质新鲜，饲料种类相对稳定。饲喂腐败变质的饲料或突然变换饲料会造成母貉流产。饲喂量可随妊娠天数的增加而递增，并根据个体情况灵活掌握饲喂量，但母貉体况不宜过肥，以免影响正常生产。

2. 妊娠期的管理　主要给妊娠母貉提供安静舒适的环境，保证胎儿正常发育。应做好以下几点。

（1）环境要安静　以免母貉受到惊吓而流产。在妊娠期间禁止参观，一般不要捕捉，不可在场区内大声喧哗。同时，可人为增加饲养人员进入笼舍区的次数，多与母貉接触。

（2）饮水、饲料供应充足　应供给充足、新鲜的饮水，提供营养均衡的饲料。

（3）清洁卫生　妊娠期气温不断上升，致病菌大量繁殖，疫病易流行。要搞好笼舍卫生，对于食具要定期清理并使用低毒性消毒剂对食盒和水盆进行消毒。产箱内有足量的干净的草垫，并定期更换。每天注意观察貉群情况，及时发现生病的貉，发现有流产倾向的母貉应肌内注射黄体酮和维生素 E，以利于保胎。

（4）做好产前准备工作　预产期前 5～10 天做好产箱的清洁消毒工作。对于初产的母貉要格外留意，以防母貉无护理经验而弃仔或将仔貉压死等情况发生。

（5）注意妊娠反应　有部分母貉在妊娠初期会出现妊娠反应，表现为少食或拒食，对于这样的母貉应每天补喂 5%～10%的葡萄糖。

四、产仔泌乳期的饲养管理

产仔泌乳期是从母貉产仔开始，到仔貉断奶分窝为止，该期一般在 4—6 月。此期饲养管理的中心任务是确保仔貉成活及正常的生长发育。此期母貉的生理变化较大，体能消耗较多。

1. 产仔泌乳期的饲养　仔貉正常发育的关键在于母乳的质量。影响母乳分泌的主要因素有两个：一是母貉自身的遗传因素；二是该时期的饲料组成。该时期饲料营养水平大体与妊娠期一致，在此基础上适当增加乳制品对母貉泌乳大有好处。母貉产后初期食欲不佳，但 5 天之后食欲大增，饲养场应根据仔貉的生长情况和母貉的食欲随时调整母貉日粮，以保证仔貉正常发育所需营养。饲料要全价、清洁、易消化吸收、新鲜，切忌使用发霉和腐败饲料，否则可能引起母貉胃肠疾病甚至食物中毒。

2. 产仔泌乳期的管理

（1）保证充足干净的饮水　在泌乳期，母貉每天会分泌体重 13%的乳汁，机体需要大量水分。因此，必须供给充足清洁的饮水。同时，气温逐渐升高，饮水可以帮助母貉降温。

（2）产后检查　产后及时检查有无脐带缠身或者脐带未断、胎衣未剥离等情况，是否有死胎。同时查看仔貉吃奶情况，能够吃到母乳的仔貉嘴巴黑、肚子圆、安静、集中群卧，未吃到母乳的仔貉分散在产箱中，肚子小，并不安地叫。检查时动作要迅速准确，检查者手上不能沾有其他强刺激性气味，如乙醇、汽油、香水等。检查时可先在母貉身上擦一下手掌，以防母貉因异味而抛弃甚至咬死仔貉。

（3）仔貉饲养管理　不同日龄的仔貉饲养管理重点不同。

① 初生仔貉。体温调节功能不健全，生活能力弱，维持体温主要靠母貉和

同伴的体温，因此要做好产箱的保暖工作。仔貉的营养全部来自乳汁。若母貉泌乳能力差，可给母貉饲喂适量的催乳药物，或者另找其他母貉代养。

② 断奶前仔貉。30 日龄前仔貉发育速度非常迅速，其所需营养物质均来自母乳。随着日龄增长，仔貉的消化系统逐渐发育完善，20～28 日龄的仔貉可以到室外觅食。当仔貉开始吃食后母貉不再舔食仔貉粪便，因此要及时清理粪便和被污染的草垫，否则仔貉容易患肠道和呼吸道疾病。开始进食的仔貉要供给新鲜易消化的饲料。为防止消化不良可在饲料中添加乳酶生、胃蛋白酶等。饲料要稀，便于仔貉舔食。随着仔貉日龄增长饲料应逐渐变稠。30 日龄的仔貉特别活跃，在此期间要及时检查笼舍的严密性，以防止仔貉逃出。哺乳后期仔貉容易咬伤母貉乳头，导致母貉患乳腺炎。这时要注意观察，患乳腺炎的母貉表现不安，在笼舍内来回跑，拒绝喂奶，不照顾仔貉，仔貉不断发出叫声。检查母貉时若发现乳头红肿、有伤痕、有肿块、溃烂甚至化脓，应及时将母貉和仔貉分开，仔貉可分到其他窝代养或人工哺乳。

③ 断奶分窝。40～50 日龄的仔貉已经具备独立生活的能力，应及时断奶分窝。超过 40 日龄，可分窝饲养，在仔貉的饲料中加入一部分奶制品。断奶时间根据仔貉的发育情况和母貉的哺乳能力来定。断奶过早，仔貉独立生活能力弱，易患病死亡；断奶过晚对母貉的体能消耗过大，不易恢复，影响来年生产。如果仔貉发育较好、体况均衡可一次性断奶，若体况不均衡，母乳不足，可将体型大、体质强、采食能力强的仔貉先分离出来，待体弱仔貉发育强壮后再断奶。分窝时将母貉分走，留下仔貉，这样可以防止仔貉应激，利于成活。

（4）保证环境安静　在泌乳期，特别是产后 25 天内，一定要保持饲养环境安静，谢绝参观，以免环境嘈杂引起母貉不安，导致叼仔、食仔的情况发生。同时，嘈杂的环境也会引起母貉泌乳量减少。母貉若产后缺水或日粮中缺乏维生素和矿物质，也会发生食仔现象。改善食仔的方法主要是改善环境条件，并补加维生素和矿物质。若依旧出现食仔现象，则应及时将母貉和仔貉分开，并将母貉淘汰。

（5）卫生防疫　母貉产仔泌乳期正值春季，此时阴雨天气较多，空气湿度大，再加上母貉产仔后身体虚弱，哺乳后期体重下降 20%～30%，易发生疫病，因此必须重视卫生防疫工作，加强食具和笼舍的清洁卫生。

五、恢复期的饲养管理

公貉恢复期是指从配种结束（3 月）至生殖器官再次发育（9 月）这段时间。母貉恢复期是指从仔貉分窝（7 月）至 9 月这段时间。种貉繁重的繁殖任务，其身体消耗很大，体况较瘦，采食量减少，体重处于全年最低水平（特别是母貉）。因此，该时期饲养管理的中心任务是补充营养，增加肥度，恢复体况，为越冬及冬毛生长储备足够的营养，为翌年的繁殖打好基础。

1. 种貉恢复期的饲养 为促进种貉机体恢复，在种貉恢复初期，不要急于更换饲料。公貉在配种结束20天内，母貉在仔貉断奶20天内，应继续给予配种期和泌乳期的标准日粮，以后再恢复正常日粮。

2. 种貉恢复期的管理 种貉恢复期较长，此期应根据不同时期的天气特征和貉的生理特征做好管理工作。

（1）夏、秋季节气温高、湿度大，各种饲料应妥善保管，严防腐败变质。饲料加工时保证干净清洁。各种用具要洗刷干净并定期消毒，笼舍、地面要及时清理。

（2）天气炎热时要保证饮水的供应，并定期饮用1/10 000的高锰酸钾水溶液。

（3）貉的耐热性虽然较强，但在异常炎热的天气也要注意防暑工作，除增加供水量之外，还要给笼舍遮阳，以防止阳光直射貉发生日射病。最好在场内或四周栽种树木。

（4）在寒冷地区，进入冬季后要及时给予足够草垫，以防寒保暖。

（5）杜绝无意识地延长或缩短光照，以免因光照周期的改变影响貉的正常发情。

（6）在绒毛生长和成熟季节，若发现毛绒缠结，应及时梳理，以减少毛绒粘连而影响毛皮质量。

Chapter 9 第九章 貉的繁育

第一节 繁殖生理特点

一、性成熟与体成熟

野生貉性成熟期一般为 9～10 月龄，其与人工饲养的貉相比，性成熟时间较长，因为人工饲养条件比野外自然条件要好很多，更适合幼貉的生长发育，使其性成熟时间有所缩短，一般需 8～9 个月即可。除此之外，母貉性成熟比公貉稍晚一些。貉的性成熟早晚与很多因素有关，如遗传基因、营养水平、环境温度等。随着年幼公貉身体的生长，其性器官也不断发育，直至成熟，也呈年周期变化，与成年公貉一致。

貉的寿命为 8～16 年，繁殖利用年限一般为 3～5 年，该时期的貉已成年，身体机能较好，其后代的健康水平较高，品质优良，并且此时期的种貉更加适应外界环境，可以更好地保护和照顾仔貉。

二、性 周 期

貉一般发情在 2—3 月，为季节性单次发情，每个繁殖期的发情周期普遍为一个。影响母貉发情的因素有很多，所处地区纬度、营养水平、母貉年龄、公貉刺激等都会影响其发情。

每年春季，2 月中旬至 3 月中旬这段时间，种貉具有强烈的性表现，2 月下旬至 3 月上旬这段时间，大群发情表现明显。配种时期，发情前期的母貉可常与公貉接触，这样可促使发情期提前到来。若想预判貉是否发情，不但可以通过外阴部是否有明显变化来辨别，还可以通过其行为上是否有烦躁不安的表现来辨别。

1. 公貉的性周期 公貉性周期较为简单、易掌握。一般每年的 1 月下旬到 4 月上旬即为公貉的性周期，个别可延至 4 月中旬。配种期间，公貉应有旺盛的性欲，每天配种 1～3 次。配种结束后，公貉的睾丸开始萎缩，进入静止期，此时的公貉已经没有性欲。

每年 5—10 月，睾丸仅有玉米粒大小，是一年中最小的时期。静止期的睾丸质地坚硬，其附睾中没有成熟的精子。阴囊位于腹侧，被毛丰富，外观不显。

一般从秋分开始，日照时间由长变短，公貉的睾丸开始发育。至小雪，直径为 16～18 毫米；至冬至，睾丸开始快速生长发育；至翌年 1 月末到 2 月初，直径为 25～30 毫米，质地松软、富有弹性。阴囊被毛较少，松弛下垂，外观较明显，附睾中有成熟的精子。此时已为配种期，公貉开始有性欲，可以配种。

配种期持续 60～90 天，此期间公貉始终有性欲。但在此后的 1 个月，天气逐渐变暖，公貉性欲逐渐下降。配种结束后，睾丸很快就会萎缩，到 5 月又回到静止期大小，以后再开始新周期。

2. 母貉的性周期 母貉的卵巢约从秋分开始发育，具有与公貉睾丸类似的季节性变化。翌年 1 月末到 2 月初卵巢内已有发育至成熟的滤泡和卵子。母貉的发情期为 2 月上旬至 4 月上旬。其中，2 月下旬至 3 月上旬是发情旺盛阶段，经产貉发情较初产貉要早。配种后，未受配母貉恢复至静止期。受孕母貉进入妊娠期，此后 60 天左右，母貉进入哺乳期，持续 45～60 天，仔貉断奶后母貉将进入静止期。

母貉每年只发情一次，发情期间在生理上、行为上都会有相应变化，可按照外阴部变化特点、求偶行为表现将母貉的发情周期分为发情前期、发情期、发情后期、静止期 4 个阶段。

（1）发情前期　是从母貉有发情表现开始，到将要与公貉进行交配的这一时期。此时期持续长短与个体间的差异有较大关系，最短的 4 天，最长的 20 多天，大多数为 7～12 天。此时母貉出现躁动不安的表现，持续在笼子内来回走动，食欲减退，排尿频率升高，外生殖器官开始出现变化。前 2～5 天阴毛开始渐渐分开，阴门逐渐外露红肿，阴蒂逐渐变大，呈圆形，阴唇稍向外翻。阴门渐渐变宽，用手指挤压阴门，质地较硬，且会有少量浅黄色分泌物排出。在该期试情，母貉对公貉有一定好感，但不接受公貉交配。

（2）发情期　是指从接受交配开始到拒绝交配的这段时间，是公、母貉交配的最佳时期，处于该时期的母貉正值发情旺盛期，可连续接受交配。发情期的母貉精神上极为不安，在笼内不停走动，频繁发出叫声吸引公貉，采食较少，频繁排尿。发情期一般可持续 2～6 天，个别可达 10 天。此时，母貉的阴门高度肿胀，两侧有轻微的褶皱，阴唇外翻，近似圆形或椭圆形，颜色多为深红色或浅灰色，阴道内有许多分泌的乳黄色黏液。进行试情时，对于公貉的接近，母貉表现得很兴奋，并主动靠近公貉，个别还会嗅闻公貉，表示亲近，向侧面翘尾或左右摆尾等待公貉交配。

（3）发情后期　是指母貉从不再接受交配开始到外阴恢复到正常状态的这段时期。该时期一般会延续大概 5 天时间，最短为 2 天，最长可超过 10 天。在此期间，母貉采食量逐渐恢复，性欲慢慢减退直至消失，不再接受公貉交配，并讨厌与公貉亲近。此时，母貉外生殖器逐渐恢复常态，充血肿胀的部分也均已消退，阴门逐渐收缩至关闭，黏膜干涩褶皱，阴道分泌物开始逐渐减少，最后会消失。此时的母貉已逐渐平静下来，不再鸣叫、走动。

（4）静止期　也被称为乏情期，可以说是在发情周期之外的时间段，即 5—12 月，共 8 个月的时间。该时期的母貉有的处于非发情期，有的处于产仔阶段，性欲不明显，性特征也不明显。受孕母貉在发情后期之后，要经过产仔泌乳期后，方能进入静止期。

如果将该时期在时间上进行细分，又可划分出一个繁殖准备期，即 9—12 月。虽然该时期的母貉没有发情、交配、繁殖等行为，但其性腺没有停止发育，正在进行下个繁育周期的准备工作，从严格意义上来讲不是真正的静止期。秋分之后，母貉的卵巢开始慢慢发育，这段时间虽然呈现非发情时期的性表现，性欲也不明显，但其性腺正在慢慢发育。冬至以后，母貉性腺开始快速发育，翌年 1 月末或 2 月初，母貉性腺完成发育，开始表现出性欲，卵巢也开始产生成熟卵泡，卵泡中具有成熟卵子，母貉又会开始进入发情期。

三、繁殖行为

繁殖行为是以种族延续为目的的产生子代的生理过程，即产生新个体的过程。动物的繁殖行为较为复杂，包括了繁殖过程中不同阶段、不同过程。主要包括雌雄两性识别、占有空间、求偶、交配、妊娠、哺育等复杂的行为。常指雌雄配偶形成和交配时的行为模式。

四、配　种

1. 配种时期　配种开始的时间一般要根据种貉的发情状况来确定，该时间因地区的不同而存在差异。笼养貉的配种时间一般处于 2 月上旬至 4 月上旬，配种旺期处于 2 月下旬至 3 月上旬。成年野生貉发情普遍较笼养貉晚，且个体之间也有较大差异。同地区的经产貉比初产貉发情时间要早，发情旺期大多处于 2 月下旬至 3 月上旬。

2. 交配行为　一般公、母貉进行交配时，公貉较为主动，接近母貉时会嗅闻母貉外阴部。发情的母貉会将尾巴翘向一侧，等待公貉交配。此时的公貉很快将前肢举起，向母貉的背部爬跨，后躯频繁抖动，将阴茎置于母貉阴道内，后躯紧贴母貉臀部，加快抖动，接着臀部内陷，两前肢紧紧抱住母貉腰部，静停大概1分钟，尾根轻轻扇动，即为射精。射精后，母貉会将身体翻转，与公貉腹面相对，延续1～3分钟，然后分开，交配成功。大多数可以观察到以上亲昵行为，但也有个别公、母貉没有交配后的亲昵行为。

3. 交配特点

（1）交配时间　交配时间较短，交配前的求偶时间大多数为3～5分钟。射精时间为1分钟左右，公貉射精后和母貉亲昵时间多为5～8分钟，多数个体可以在10分钟之内完成整个交配过程。若是貉交配的时间相比于上面介绍的时间短的话则是不正常的，不是公、母貉的交配姿势存在问题的话，就是生殖器官存在问题。

（2）交配能力　貉的交配能力不但取决于公貉的性欲强度，还取决于公、母貉交配行为的配合度。若是性欲强的公貉与母貉交配，且性行为和谐，交配频率较公貉性欲差及公、母貉性行为不和谐者要高。同一配对的公、母貉，连续交配天数普遍为2～4天，且年龄大的母貉在交配频率上要比年龄小的母貉高。

公貉在整个配种期内都有性欲，但配种后期性欲降低。一天内一般可交配1～3次，两次交配间隔时间最短为3～4小时，性欲强的公貉一个交配期一般可以完成5～8只母貉的交配任务，最高可交配14只，总配种次数达15～23次。一般的公貉只能完成3～4只母貉的交配任务，配种次数5～12次。

为提高种母貉的受孕率，在交配前可检查公貉的精液品质。公、母貉也可进行连日复配，初次交配后连日复配多次，到母貉拒绝交配停止，如每天交配1次，持续3天左右。若是存在原配不能连续复配情况时，不是育种群的话可更换交配对象，进行双重交配或多重交配。公、母貉总配种次数为10～15次，幼年种貉、当年驯养的野生貉，可根据情况减少配种次数。

五、妊　娠

从母貉初配的那天开始算起，妊娠期为54～65天，平均为60天。初产母貉与经产母貉相比，妊娠期没有显著区别。妊娠母貉受配5～6天后，其外阴肿胀区域明显收缩，性情逐渐温和平静，采食也逐渐增加，喜静。妊娠前期，胚胎发育较缓慢，妊娠25～30天，胚胎可发育到鸽子蛋大小，从腹部可以触摸到，经验不足者不易摸胎，易造成流产。妊娠40天后，母貉腹部明显变大并向下垂，背脊凹陷，其腹部的毛绒竖立形成纵裂，行动变得缓慢、更加谨慎小心。

六、分　　娩

母貉产仔时间一般从 4 月上旬开始，最晚到 6 月中旬结束，产仔旺期为 4 月下旬到 5 月中旬。普遍为经产母貉较初产母貉产仔要早。

产仔前母貉会将乳房周围的绒毛拔掉絮窝，较为焦躁不安，常蜷缩在产箱内，舔嗅阴门。母貉产仔前采食量降低，甚至有的母貉会拒绝进食。母貉常在夜间或早晨产仔，产仔过程需要 4～8 小时，最长可超过 1 天。若无特殊情况，每间隔 10～15 分钟产 1 只。仔貉产出后，母貉会马上咬断仔貉的脐带，吃掉胎盘、胎衣，将仔貉舔舐干净，直至将仔貉全部产出以后，才会安心照顾仔貉。貉为多胎动物，胎平均产仔 7～8 只。产仔时，周围环境应保持安静，产仔后应及时供给饮水，避免出现咬仔、吃仔现象。

母貉临产前的准备工作应提前做好，保持产箱卫生，并在其中放置柔软的垫草，可起到保温作用，消毒药品要准备充分。若是出现长时间不能分娩出仔貉的情况，并且子宫颈口已确认开张时，应肌内注射垂体后叶素 0.2～0.5 毫升或 0.05％麦角 0.1～0.5 毫升进行催产。注射后 2～3 小时后还未娩出的话，可使用甘油作为阴道内润滑剂人工助产，拉出仔貉。如果以上两种方法都没有效果，则需要进行剖宫产手术。

七、哺　　乳

刚出生的仔貉毛干的过程需要 1～2 小时，毛干后会自己寻找乳头吮乳，吃完初乳后会睡觉，间隔 6～8 小时会继续吮乳。初生仔貉眼睛不睁，没有牙齿，仔貉 9～10 天睁开眼睛，14～16 天长出门齿和臼齿，18～20 天开始自己吃食。仔貉的身体发育速度快、抵抗力低、消化系统不完善，因此在饲养仔貉时不仅要保证其吃上初乳，还要给其补加营养，并做好防寒和防暑的准备。仔貉 45～60 日龄时可进行断奶分窝，独立饲养。生长发育较慢的仔貉，可以等状态良好后再独立饲养。仔貉 5～6 月龄可长到成貉大小。

母貉的母性很强，除了排便和夜出产仔箱吃食外，一般不离开仔貉。在母貉产仔哺乳期尽量不要使其被惊扰，以免出现惊恐症，出现与母性不强类似的状况，有弃仔、践踏、咬死或吃掉仔貉的现象。随着仔貉长大，母貉渐渐疏远仔貉。

母貉的 4～5 对乳头对称分布在腹部两侧，产仔前会自己拔掉乳头旁的毛絮窝，使乳头充分显露，方便仔貉吮乳。仔貉 3 周龄之前，乳汁是其食物来源，仔貉虽然在 18～20 日龄就开始采食，但到 50～60 日龄才能断奶。母貉哺乳期缺乳或无乳时，可采用人工哺乳法、代养法、强喂法等给哺乳仔貉喂乳。

一般而言，15 日龄以后的仔貉，要对其进行训练，让仔貉自己舔食。仔貉粪便黏稠，人工轻微擦拭肛门，可以促进其排粪。为仔貉按摩腹部，可促进胃肠蠕动，进而促进饲料消化。仔貉的饲喂要适量，八成饱最适宜，切勿饲喂过量，否则会引起消化不良等消化道疾病或胀气致死。

第二节 貉的配种

一、配种年龄

貉的寿命为 8～16 年，可利用年限为 7～10 年。貉的繁殖适龄，公貉一般为 1～4岁，母貉为 1～6 岁。

二、配种季节

貉的配种期与母貉的发情时期相吻合。东北地区一般为 2 月初至 4 月下旬，个别的也有从 1 月下旬开始的，不同地区的配种时间稍有不同。

三、配种方法

目前，很多养貉场还是采用本交的方法配种。

1. 配种时间 貉的配种一般在白天进行。特别是早、晚天气凉爽的时候，公貉的精力较充沛，性欲旺盛，母貉发情行为表现明显。具体时间为 6:00～8:00或 8:30～10:00、16:30～17:30。随着天气逐渐变暖。配种的最佳时间为清晨。

2. 配种方法 通常将母貉放入公貉的笼内，公貉在熟悉的环境中，性欲不受抑制，可缩短交配时间，提高配种效率。但遇到性情急躁的公貉，或母貉胆怯时，也可将公貉放入母貉笼内。

试情主要是检验母貉的发情程度。若母貉未发情，则配种时间不宜过长，以免公、母貉之间因未达成交配而害怕或产生敌意。交配性配种是指通过检查确认母貉已进入发情盛期，争取达成交配，因此只要公、母貉比较和谐，就应坚持，直到完成交配。

3. 配种方式 貉是季节性一次发情的动物，一年只发情 1 次，并自发性排卵。因此，配种采取连续复配的方式。即初配后，还要连续每天复配 1～2 次，母貉在整个配种期进行 3 次交配。这样可提高产仔率，降低母貉空怀数。有时貉在上一次交配后，间隔1～2天才接受复配。对于择偶性强的母貉，可更换公貉进行双重交配或多重交配。

四、配种前的准备工作

1. 制订配种方案 根据好母配好公、大母配大公、小母配小公等原则，进行合理搭配，防止近亲繁殖，防止优良性状退化。

2. 保暖清洁 防寒保暖，10月以后，当最低气温达到0℃左右时，应在小室中添加垫草，整个冬季都要保持小室中有垫草。有的貉在小室中排粪便，往小室中叼饲料使小室和垫草污秽不洁，容易引起疾病，因此应经常打扫笼舍和小室卫生，使小室保持干燥清洁。

3. 加强饮水，强化训练 准备配种期每天至少饮水1次，冬季可喂给清洁的碎冰。配种准备后期要加强驯化，要引逗貉在笼中运动，可以增强貉的体质，饲养人员要尽可能多地与种貉接触，有助于消除其惊恐情绪，提高繁殖力。

4. 调整体况 1月应把种貉的体况调整为中等体况，由于品种改良和饲养技术的提高，以体重为主要指标的调整方法不适应现在的生产实际，以体重指数为指标比较科学，体重指数等于体重（克）除以体长（耳根至尾根的长度，厘米），应为115～120克/厘米为好。如果体重指数低于115克/厘米，即为偏瘦；高于120克/厘米，即为偏胖。体况好时应减少能量饲料，如玉米、油脂的饲喂量，但要让貉有吃饱的感觉，不能用饥饿法调整体况。让胖的多吃菜、少吃精饲料，但还保证它有吃饱的感觉。对过瘦的貉应增加脂肪类能量饲料。

5. 做好驱虫和防疫工作 在配种前20～30天做完这2项工作，驱虫和防疫应间隔7天以上。首先是驱虫，常用的驱虫药有多拉菌素、阿苯达唑、左旋咪唑、阿维菌素类、依维菌素类等。正确的驱虫方法是2次用药，第1次驱虫后过10～15天，再用药1次，因为一般的驱虫药都是作用于成虫和幼虫，对虫卵作用不强，而虫卵的孵化期一般为15天左右，因此驱虫要2次用药。其次是防疫，在第2次驱完虫后10天左右进行疫苗免疫接种，一定要选用正规兽药厂生产的疫苗，确保疫苗质量。

6. 记录 准备好一些必备工具，如记录卡片等，以备记录。

五、配种技术

1. 发情鉴定

（1）公貉 从整体上看公貉发情比母貉早些，也比较集中，从1月末到3月末均有配种能力。公貉发情时，睾丸膨大，下垂，具有弹性，如鸽卵大小。且公貉活泼好动，有时翘起一后肢斜着往笼网壁上排尿，有时也往食盆或盆架上排尿，经常发出“咕咕”的求偶声，是其发情和求偶的表现。

公貉是否真正具有交配和使母貉受孕的能力，还要通过试情和对精液品质进行检查来验证。

（2）母貉　发情鉴定通常采用以下 4 种方法：即行为观察、外生殖器官检查、阴道分泌物细胞涂片镜检法和试情。

① 行为观察。母貉进入发情前期时，即表现行动不安、往返运动加强、食欲减退、尿频。发情盛期时，精神极度不安，食欲进一步减退直至废绝，不断地发出急促的求偶叫声。发情后期，行为逐渐恢复正常。

② 外生殖器官检查。主要根据外生殖器官的形态、颜色、分泌物的多少来判断母貉的发情程度。发情前期阴毛开始分开，阴门逐渐肿胀、外翻，到发情前期的末期肿胀程度达最大，近似椭圆形，颜色开始变暗。挤压阴门，有少量稀薄的、浅黄色分泌物流出。发情期阴门的肿胀程度不再增加，颜色暗红，阴门开口呈 T 形，出现较多黏稠的乳黄色分泌物。发情后期阴门肿胀减退、收缩，阴毛合拢，黏膜干涩出现细小皱褶，分泌物较少，但浓黄。正常母貉发情时，外生殖器官都出现上述典型变化。但也有个别母貉，在配种期外生殖器官无典型变化。其原因有两种，一是母貉生殖机能异常；二是母貉隐性发情。后者能正常排卵、受孕和产仔。

③ 阴道分泌物细胞涂片镜检法。动物发情和排卵受体内一系列生殖激素调节和控制。与此同时，生殖激素（主要是雌激素）作用于生殖道（阴道），使其上皮增生，为交配做准备。因此，在发情周期中，随体内生殖激素水平的变化，阴道分泌物中脱落的各种上皮细胞的数量和形态也呈现规律性的变化。

貉阴道分泌物中主要有 3 种细胞，即角化鳞状上皮细胞、白细胞和角化圆形上皮细胞。

a. 角化鳞状上皮细胞。呈多角形，有核或无核，边缘卷曲不规则。主要在临近发情期前和发情期出现。在发情期部分此种细胞崩溃而形成碎片，呈梭形或船形。

b. 白细胞。主要为多型核白细胞，在发情前期和进入妊娠期后，一般以分散游离状态存在，分布均匀，边缘清晰。在发情期则聚集成团或附着于其他上皮细胞周围，此时由于解体而变大。

c. 角化圆形上皮细胞。形态为圆形或近圆形，绝大多数有核，细胞质染色均匀透明，边缘规则。在发情周期各阶段和孕期均可见到，一般单独分散存在，其数量无明显变化。

④ 试情。当用以上发情鉴定方法还不能确定母貉是否发情时，可进行试情。处于发情前期的母貉，有趋向异性的表现，但拒绝公貉爬跨交配。发情的母貉性欲旺盛，公貉爬跨时，母貉后肢站立、翘尾，静候交配。发情后期母貉性欲急剧减退，对公貉不理睬或怀有“恶意”，很难完成交配。

以上 4 种发情鉴定方法应结合使用，灵活掌握。一般以外生殖器官检查为主。检查不确定时，可进行阴道分泌物细胞涂片镜检和试情。后两种方法适用于外生殖器官表现不明显或隐性发情母貉的发情鉴定。

2. 提高配种能力 貉的配种能力主要取决于其性欲强度，然后是两性性行为配合度。

（1）交配后检查精液品质 公貉在交配后一般要进行精液品质检查，尤其是最初两次交配后必须检查。检查时，室内温度应在 18～25 ℃。具体方法是，用玻璃棒或吸管插入刚配完母貉的阴道内 8～10 厘米，蘸取或吸取少许精液，滴 1 滴于洁净的载玻片上，置于 100 倍或 400 倍的显微镜下观察，先确定有无精子，然后观察精子形态、活力、密度等。精子数较多、活跃、无畸形者为正常。若无精子或精子很少、活力很弱，需要换公貉重配。经多次检查，公貉无精子或精液品质不良的应停止使用。

（2）早期配种训练 种公貉，尤其是幼龄种公貉初次参加配种时，配种比较困难，训练幼龄种公貉配种时，必须选择发情好的或是复配的、性情温驯的母貉与其交配，发情不好或没有把握能配上的、性情粗暴的母貉，绝对不能用来训练幼龄种公貉。训练过程中要注意保护种公貉，严禁粗暴地恐吓和扑打它，千万要注意不要使种公貉被咬伤。不然，会使种公貉抑制或丧失性欲，一旦发生性抑制，则不能进行交配，以后就很难矫正了。训练种公貉配种的时间不宜过长，但要细心观察，如果母貉温驯，接受爬跨并能迎合种公貉进行交配，种公貉又有性欲时，就应坚持配种，要有耐性，等待交配，时间可以放长一些。如果发现母貉回头咬种公貉或是不站立，种公貉又不追爬母貉时，应更换种公貉重新配种。

（3）种公貉的合理利用 种公貉的配种能力，个体间差异很大。为了保证种公貉在整个配种期都保持旺盛的性欲，必须做到有计划地合理使用。配种前期和中期，每天每只种公貉可接受 1～2 次放对试情和 1～2 次配种，每天可成功交配 1～2 次。一般种公貉每天交配 1 次，可连续 5～7 天，然后休息 1～2 天，再配种。配种后期发情母貉日渐减少，种公貉的利用次数也相应大减，应挑选那些性欲旺盛，没有恶癖的种公貉完成晚期发情母貉的配种工作。配种后期一般种公貉性欲减退，性情也变得粗暴，有的甚至撕咬母貉，择偶性增强，对这样的种公貉可减少搭配母貉，重点使用，以便维持其旺盛的配种能力，在关键时用它为那些难配的母貉配种。有些发情晚的种公貉，在配种初期不能投入配种，不要过早地将其处死，应保留几只，可能在配种后期会发挥作用。

（4）提高种公貉交配效率　主要是通过细心观察种公貉的配种行为，掌握每只种公貉的配种特点，合理制订配种计划，正确搭配发情母貉。性欲旺盛和性情急躁、交配急切的种公貉，应优先配种，配种的第 1 只母貉要尽量合适，力争顺利完成交配，这样做有利于种公貉再次与母貉交配。种公貉的性欲与气温有很大关系，气温增高会使其性欲下降。因此，在配种期应将种公貉养在棚舍的阴面，配种尽量安排在早、晚或凉爽天气时进行。种公貉性欲旺盛时，要抓紧时间争取多配。人声嘈杂和噪声刺激等不良环境因素，也可使公、母貉性行为受到抑制。因此，配种期要尽量保持貉场安静，饲养人员也要尽量远离配种笼舍进行观察，以免惊扰公、母貉交配。

3. 配种时注意事项

（1）确认母貉是否真正受配　多数母貉在交配后很快翻转身体，面向公貉，不断发出叫声并有戏耍行为，说明母貉已受配。若看不到上述行为，则要求饲养人员认真观察公貉有无射精动作和显微镜检查有无精子，来分辨交配与否。

（2）防止公、母貉咬伤　母貉没有进入发情期或虽已进入发情期，由于公、母貉择偶性强，若无意交配，常出现咬斗，一旦被咬伤，很容易产生性抑制，再与其他貉配种也不易完成交配。公貉的阴茎若被咬伤，则失去利用价值。要求饲养人员不要离开现场，注意观察，一旦发现公、母貉有敌对行为，要及时将其分开，重新组合。

（3）辅助配种措施　个别母貉虽然发情正常，已到发情盛期，但交配时后肢不能站立或不抬尾导致难以配种，这时必须采取人工辅助才能完成配种。辅助配种时要选用性欲强、胆大、温驯，饲养人员在附近也能配种的种公貉（最好经过一定的调教）。对交配不站立的母貉，可将其头部抓住，臀部朝向种公貉，待种公貉爬跨于母貉背上，并有抽动的置入动作时，用另一只手托起母貉腹部，迎合种公貉的置入动作，调整母貉臀部的位置，上下、左右、前后顺应种公貉的交配动作，待种公貉阴茎置入母貉阴道，经急促抽动后，见到射精动作时，再停 1～2 分钟放开母貉。对不抬尾的母貉，可用细绳拴住其尾中部，向前拉，固定在其背上，使阴门暴露，再交配。注意绳最好隐藏在毛绒里，以免引起种公貉反感。

交配后要及时将绳解下。

第三节 种貉的选种与选配

一、选种时间

对貉的选种工作，应坚持常年有计划、有重点地进行，一般分别为 3 个阶段。

1. 初选阶段 在 5—6 月进行。成年公貉选配结束后，根据其配种能力、精液品质及体力恢复情况，进行一次初选。成年母貉在母貉断奶后，根据其繁殖、泌乳及母性情况进行一次初选。

2. 复选阶段 在 9—10 月进行。根据貉的脱毛、换毛情况及幼貉的生长发育和成貉的体况恢复情况，在初选的基础上进行一次复选。这时选留数量要比计划留种数多 20％～25％，以便在精选时淘汰多余部分。

3. 精选阶段 在 11—12 月进行。在复选基础上淘汰那些不理想的个体，最后按计划落实选留数。

选留种貉时，公、母貉比例为 1∶3 或 1∶4。种貉群较小时，要适当多留一些公貉，以防因某些公貉配种能力不强而使繁殖工作受到影响。待配种临近结束时，对劣质公貉淘汰取皮，皮张也有利用价值，可出售。种貉群的组成应以成貉为主，不足部分由幼貉补充。成貉与幼貉的比例以 7∶3 为宜，不要超过 1∶1，这样有利于貉场的稳产高产。

二、选种方法

1. 毛绒品质鉴定 以毛色、光泽、毛密度等毛绒品质为重点进行分级鉴定。貉毛绒品质标准见表 9－1。公貉毛绒品质最好为一级，三级不应留种。母貉毛绒品质最低也应是二级。

表 9－1 貉毛绒品质标准

鉴定项目		等级		
		一级	二级	三级
针毛	毛色	黑色	接近黑色	黑褐色
	密度	全身稠密	体侧稍稀	稀疏
	分布	均匀	欠匀	不匀

（续）

鉴定项目		等级		
		一级	二级	三级
针毛	平齐	平齐	欠齐	不齐
	白针	无或极少	少	多
	长度	80～89 毫米	稍长或稍短	过长或过短
绒毛	毛色	青灰色	灰色	灰黄色
	密度	稠密	稍稀疏	稀疏
	平齐	平齐	欠齐	不齐
	长度	50～60 毫米	稍短或稍长	过短或过长
背腹	毛色	差异不大	差异较大	差异过大
	光泽	油亮	欠油亮	差

2. 体型鉴定 采取目测与实际称量方法进行测定，种貉体重体长标准见表9－2。

表 9－2 种貉体重体长标准

测量时期	体重（克）		体长（厘米）	
	公	母	公	母
初选（幼貉断奶期）	1 400 以上	1 400 以上	40 以上	40 以上
复选（幼貉 5～6 月龄）	500 以上	4 500 以上	62 以上	55 以上
精选（11～12 月龄）	6 500～7 000	5 500～6 500	65 以上	60 以上

3. 繁殖力鉴定 成年种公貉睾丸发育良好、交配早、性欲旺盛、交配能力强、性情温驯、无恶癖、择偶性不强；每年交配母貉 5 只以上，配种 20 次以上；精液品质好，受配母貉产仔率高，每胎产仔数多，生活力强；年龄 2～3 岁。交配晚、睾丸发育不好（单睾或隐睾）、性欲低、性情暴躁、有恶癖、择偶性强的公貉应淘汰。

成年母貉应发情早（不能迟于 3 月中旬）、性情温驯、性行为好，胎平均产仔数多，初产不少于 5 只，经产不少于 8 只，母性好、泌乳力强，仔貉成活率高、生长发育正常。凡是外生殖器畸形、发情晚、性行为不好、母性不强、无乳或缺乳、仔貉死亡率高、胚胎吸收、流产、死胎、烂胎、难产、有恶癖的母貉必须淘汰。

当年幼貉应选择双亲繁殖力强、同窝仔数 5 只以上、生长发育正常、性情温驯、外生殖器官正常、5 月 10 日前出生的。根据观察，貉的产仔力与乳头数量呈强正相关（相关系数 0.5），一般乳头多的母貉产仔数也多，所以应选择乳头多的当年生母貉留种。

4. 系谱鉴定 系谱鉴定是根据后裔的生产性能考查种貉的品质、遗传性能及种用价值。有后裔与亲代比较、不同后裔之间比较、后裔与全群平均生产指标比较 3 种方法。

种貉的各项鉴定材料需及时填入种貉登记卡，以便作为选种选配的重要依据。

5. 优良性状的选择

（1）单一性状选择

① 个体选择。根据个体的表型值（实际度量值）进行选择称为个体选择，选择的好坏取决于选择性状遗传力的大小及选择差的高低。因所选性状的遗传进度（ΔG）与性状的遗传力（h^2）和选择差（S）成正比：$\Delta G=h^2S$。因此，个体选择适用于遗传力高的性状。淘汰率越高，则选择差越高，所选性状的遗传进展也就越大。

② 家系选择。根据家系的平均表型值进行选择称为家系选择，又称同胞选择。家系选择适用于遗传力低的性状，因为家系平均表型值接近于家系的平均育种值，而各家系内个体间差异主要是由环境因素造成的，对于选种没有多大意义。具体方法是计算出每个家系（全同胞或半同胞）某一性状的平均值，依次选择平均值高的家系，而不管家系内个体的表型值如何。

（2）多性状选择 在一个貉群中，我们希望提高的性状往往不止一个。在一定时期内，同时选择两个以上性状的选择方法，称为多性状选择。

① 顺序选择法。即一个时间只选择一个性状，在其提高后再选另一个性状，这样逐一进行选择。这种选择方法对某一性状来说，遗传进展是较快的，但几个性状总起来看，选育提高所需的时间是较长的。若几个性状之间存在着负相关，则更有顾此失彼之虞。如果不在时间顺序上选择，而在空间上分别选择，即在同一貉群内选择不同性状，待提高后再通过杂交进行综合，则可缩短选育时间。

② 独立淘汰法。同时选择几个性状，分别规定淘汰标准，其中只要任何一个性状不够标准就淘汰。这种方法的缺点，首先是容易将一些个别性状突出的个体淘汰掉。其次是选择的性状越多，中选的个体就越少。因为全面优秀的个体是少数，而留下来的往往是各个性状都表现中等的个体。

③ 综合选择法。此法有两种含义，一是选择综合性状，如体重是体长和胸围的综合性状，毛重是毛长和毛密度的综合性状。二是根据几个性状的表型值，

根据其遗传力、经济重要性以及性状间的表型或遗传相关，确定一个综合选择指数，来评定个体的种用价值。计算出综合选择指数后，就可按貉群的留种数，依次从指数高的向指数低的进行选留。

三、选配原则

1. 毛绒品质　公貉的毛绒品质，特别是毛色，一定要优于或接近母貉才能选配。毛绒品质差的公貉与毛绒品质好的母貉选配，其后代性状不佳。

2. 体型　大体型公貉与大体型母貉或中等体型母貉之间选配为宜。大体型公貉与小体型母貉或小体型公貉与大体型母貉之间不宜选配。

3. 繁殖力　公貉的繁殖力以其配种能力和子女繁殖力来反映，要优于或接近母貉的繁殖力，才可以选配。

4. 血缘　3代以内无血缘关系的公、母貉之间可以选配。有时为了育种的目的，如巩固有益性状、考查遗传力、培育新色型等，也允许近亲交配，但生产上应尽量避免。

5. 年龄　原则上是成年公貉配成年母貉或当年生母貉；当年生公貉配当年生母貉。

四、选配方式

1. 同质选配　即在具有相同优良性状的公、母貉之间选配，以期在后代中巩固或提高双亲所具有的优良性状。这是培育遗传性能稳定、具有种用或育种价值的种貉所必需的选配方式，多用于纯种繁育和核心群的选配。

2. 异质选配　即在具有不同优良性状的公、母貉之间的选配，以期在后代中获得同时具有双亲不同优良性状的个体；或者在同一性状有所差异的公、母貉之间进行选配，以期在后代中有所提高。这是改良貉群品质、综合优异性状的有效选配方式。

貉的选配工作一般在每年1月底完成，并编制出选配计划。

Chapter 10 第十章 貉疾病的防治

第一节 环境消毒

一、常用的消毒方法及药物

物理消毒法，如清扫、干燥及高温火焰消毒等；生物消毒法，主要是对粪便、污水及废物进行生物发酵处理；化学消毒法，即用化学药物杀灭病原体。常用的化学消毒药有漂白粉、氢氧化钠、石灰乳、煤酚皂液及甲醛溶液等。

此外，诸如蚊、虻、蝇、蜱等是貉传染病及寄生虫病的重要传播媒介，因此定期杀虫极为重要。常见的化学杀虫剂有敌百虫、敌敌畏、硫磷、马拉硫磷及除虫菊酯等。

二、饲料与饮水卫生

貉的健康与饲料和饮水有着密切关系，若食入含有病原体的动物性饲料，则会导致严重的传染病、寄生虫病乃至慢性饲料中毒等；同时，水也是疫病传染的重要途径，特别是肠道传染病。具体要求如下：

（1）貉场应单独设置饲料库，禁止从疫区购买饲料，保证新鲜，防止饲料变质。若饲料发生腐败，则不能再用。拒绝饲喂死因不明的动物。

（2）貉场应自备水源，并做微生物学及寄生虫学检查，防止饮用水含有病原微生物、寄生虫、虫卵及水生生物等。此外，有毒物质应调控在安全范围内，微量元素不能缺失或过低。

三、传染病的预防

貉场卫生需严格把控，定期管理，如消毒、杀虫、灭鼠等，这是切断传染病传播途径的必然方法；同时，要注意有计划地进行免疫接种。免疫接种时，要严格遵循说明，保证疫苗质量，以防失效。

四、发生传染病时的扑灭措施

一旦发生传染病，要及时上报，迅速确诊，并通知邻近单位注意做好预防工作。应将貉群分为病貉、疑似感染貉和假定健康貉，并进行专门护理与救治。若发生烈性传染病，则应立即划区封锁，并按相应规定进行处理。

第二节　免疫程序

一、常用疫苗及使用简介

1. 犬瘟热弱毒疫苗　预防犬瘟热，预防量均为 3 毫升，需皮下注射，每年免疫 2 次，时隔 6 个月，仔貉断奶后 2～3 周准备接种。运输时应冰冻运输，－15 ℃下保存，融化后当天用完。

2. 病毒性肠炎灭活疫苗　预防细小病毒引起的腹泻。预防量均为 3 毫升，需皮下注射，每年免疫 2 次，时隔 6 个月，仔貉断奶后 2～3 周接种，可常温下保存和运输，严禁冻结。

3. 貉阴道加德纳氏菌灭活疫苗　预防母貉流产及空怀，预防量均为 1 毫升，需肌内注射，每年免疫 2 次，间隔 6 个月，应常温保存及运输，严禁冻结。

4. 貉绿脓杆菌多价灭活菌苗　用于预防貉化脓性子宫内膜炎，免疫剂量为 2 毫升，需肌内注射，每年免疫 1 次，仅供配种前 15～20 天的母貉使用，常温下保存及运输，严禁冻结。

5. 貉巴氏杆菌多价灭活菌苗　用于预防败血症，预防量均为 2 毫升，肌内注射，每年免疫 2 次，仔貉断奶后 2～3 周接种，应常温下保存及运输，严禁冻结。

二、常用药物使用说明

1. 青霉素钾（钠）针剂　治疗感冒、肺炎、脑膜炎、外伤、尿路感染，肌内注射，每天 2 次。

2. 双氢链霉素针剂　治疗革兰氏阴性菌感染，治疗肺炎、结核、百日咳，肌内注射，每天 2 次。

3. 阿莫西林片剂或胶囊　治疗呼吸道及尿路感染，口服，每天 2 次，每次 1～2片。

4. 硫酸庆大霉素针剂或片剂　治疗肺炎、肠炎和化脓性子宫内膜炎等，需肌内注射、口服或静脉注射，每天 2 次。

5. 硫酸卡那霉素针剂或片剂　治疗腹泻及子宫内膜炎，需口服、肌内注射或静脉注射，每天 2 次，每次 25～50 毫克。

6. 氯霉素　治疗细菌感染、肠道菌感染、结膜炎及脑膜炎，需口服、肌内注射或静脉注射，每天 2 次，每次 0.25 克。

7. 土霉素　治疗附红细胞体感染和肠道菌感染，需口服，每天 2 次，每次 0.25～0.5 克。

8. 四环素　治疗附红细胞体感染及支原体性肺炎，需口服或静脉注射，每天 2 次，每次 0.25～0.5 克。

9. 复方新诺明　治疗尿路感染、呼吸道感染及消化道感染，需口服，每天 2 次，每次 1 片。

10. 磺胺脒片剂　治疗肠炎和细菌性痢疾，需口服，每天 2 次，每次 1～2 片。

11. 磺胺醋酰钠滴眼液　治疗细菌性结膜炎，需滴眼，每天 3 次，每次 1～2 滴。

12. 诺氟沙星　治疗肠炎和尿路感染，需口服或静脉注射，每天 2 次，每次 100 毫克。

13. 环丙沙星片剂或针剂　治疗消化道、呼吸道及尿路感染，需口服或静脉注射，每天 2 次，每次 100 毫克。

14. 穿心莲针剂　治疗肠炎和菌痢，需肌内注射或静脉注射，每天 2 次，每次 0.1～0.25 克。

15. 灰黄霉素　治疗皮肤真菌感染，需口服，每天 2 次，每次 0.2～0.25 毫克。

16. 制霉菌素　治疗真菌感染，需口服，每天 2 次，每次 50 万单位。

17. 利巴韦林　病毒性感冒和病毒性传染病辅助治疗，需肌内注射、静脉注射或口服，每天 2 次，每次 100～200 毫克。

18. 枸橼酸哌嗪　驱肠道线虫，需口服，每天 2 次，每次 1 克。

19. 左旋咪唑　驱肠道线虫，需口服，每天 1 次，每次 25～50 毫克。

20. 阿维菌素　治疗皮肤疥螨和体内寄生虫，需皮下注射，每千克体重 0.02 毫升，每天 1 次。

21. 氯丙嗪　治疗自咬症、呕吐和中暑，需口服或肌内注射，每天 1 次，每次 25～50 毫克。

22. 消胀灵　用于急性胃扩张，胃内注射，但对由肠扭转、肠套叠引起的胃扩张无效。

23. 抗真菌 **1** 号　用于真菌感染，可外用涂擦，每隔 3 天 1 次，但对皮肤疥螨无效。

三、免疫程序及免疫接种

有时饲养主不结合实际情况，盲目依照从工具书或其他途径得到的免疫程序进行免疫接种，这将会导致免疫程序不合理。另外，注射时注射器内有空气残留、不同貉使用同一针头注射、不依据貉的体重和日龄选择用量及注射部位不合理等，也影响免疫效果。

此外，免疫接种前应进行相应的防应激措施，接种之后要注意加强饲养管理及免疫监测，防止疫病暴发。

第三节　常见病的防治

一、细菌性疾病

（一）沙门氏菌病

【病因】貉沙门氏菌病又称副伤寒，是由沙门氏菌感染引起的一种急性传染病。

【症状】自然感染时潜伏期为 3～20 天，可分为急性型、亚急性型、慢性型。

急性型：精神沉郁，食欲废绝，体温升高至 41～42 ℃，腹泻、呕吐，衰竭痉挛，经 2～3 天死亡。

亚急性型：胃肠机能紊乱，食欲废绝，下痢，粪便呈水样，混有黏液、血液。病貉消瘦、贫血，衰弱无力，卧于笼中，后期麻痹、衰竭死亡。

慢性型：顽固性腹泻，贫血，严重脱水，被毛蓬乱，结膜发绀，常出现结膜炎。病貉极度衰竭，经 2～3 周死亡。妊娠母貉常出现流产。

【治疗】静脉注射 5%葡萄糖盐水 250 毫升、25%葡萄糖 20 毫升、5%碳酸氢钠 20 毫升、氨苄西林 1 克，每天 1 次。

【预防】加强饲养管理，夏季做好防暑降温工作，采取必要的遮阳措施。提供充足的清洁水源，饲喂新鲜的动物性饲料，保证充足的营养，增强群体抗病能力。采取综合性预防措施，减少应激因素，强化环境消毒。

（二）大肠杆菌病

【病因】 貉大肠杆菌病是由大肠杆菌引起的一种肠道传染病。大肠杆菌是条件致病菌，天气突然发生变化、多雨天、环境湿冷、饲料质量差导致貉消化不良从而发生该病。

【症状】 病貉食欲减退或废绝，体质虚弱，迅速消瘦，肌肉震颤。主要侵害仔貉，发病初期表现不安，肛门周围的被毛沾满稀便，排绿色、褐色、黄色或淡白色黏液状稀便，粪便内含有凝乳块或血液。成年貉患病后病症发展较为缓慢，呈渐进性消瘦，常引起死胎或流产。

【治疗】 阿米卡星 7.5 毫克/千克，肌内注射，每天 2 次。严重病例，肌内注射头孢曲松钠，每次 0.1 克，每天 2 次。

【预防】 加强管理，做好消毒灭菌工作。定期洗刷食具，及时清扫粪便，病死的貉应尽快处理，不可随意乱扔。

（三）绿脓杆菌病

【病因】 貉绿脓杆菌病是由绿脓杆菌感染引起的母貉化脓性子宫内膜炎，多因人工授精操作和自然交配感染。

【症状】 母貉发生化脓性子宫内膜炎时，体温升至 40～42 ℃，精神沉郁，食欲不振，鼻镜干燥。从阴道流出灰色、灰黄色、灰绿色或酱油色的脓性分泌物。

【治疗】 垂体后叶素 1.5 万国际单位，肌内注射，每天 1 次，连用 5 天。注射垂体后叶素 1 小时后，用 0.1%高锰酸钾溶液冲洗子宫，每天 1 次，至少冲洗 5 天。

【预防】 配种前 15～20 天注射绿脓杆菌多价灭活疫苗，每只母貉 2 毫升。配种时用 0.1%新洁尔灭对母貉外阴部、公貉阴茎及周围进行消毒。

（四）魏氏梭菌病

【病因】 貉魏氏梭菌病又称肠毒血症，是由魏氏梭菌感染而引起的一种急性传染病。

【症状】 病貉行走无力，步履蹒跚，很少活动。呕吐，排稀便，病情轻者粪便呈绿色，含少量血液，病情重者排淡红色血样粪便。发病后期出现严重脱水，肢体不完全麻痹，甚至痉挛。

【治疗】 阿米卡星 7.5 毫克/千克，肌内注射，每天 2 次。为促进食欲，每天肌内注射复合维生素 B 和维生素 C 注射液各 1～2 毫升。重症者腹腔注射 5%葡萄糖盐水 10～20 毫升。

【预防】 加强饲养管理，保证饲料新鲜，合理储存饲料，以防发霉变质。

二、病毒性疾病

（一）犬瘟热

【病因】 貉犬瘟热是由犬瘟热病毒引起的一种急性、热性、传染性极强的高度接触性传染病。

【症状】 双相热型，即体温升高两次，高达 40 ℃以上，两次发热之间相隔几天体温不高期。结膜炎，从最初的流泪，到分泌黏液性和脓性眼屎。鼻镜干燥，病初流浆液性鼻液，之后鼻液呈黏液性或脓性。阵发性咳嗽，腹泻，便中带血。肛门肿胀外翻，运动失调，抽搐，后躯麻痹。

【治疗】 及时注射犬瘟热高免血清，每只 4～10 毫升，3 天后再注射 1 次，可以收到良好的效果。同时，应用抗生素以防止发生继发性细菌感染。

【预防】 严格遵守防疫制度，每年 6 月仔貉和种貉接种犬瘟热弱毒活苗，每只 3 毫升，免疫保护 6 个月。12 月至翌年 1 月中旬配种前，种貉和留种的育成貉再注射 1 次犬瘟热弱毒活苗。

（二）病毒性肠炎

【病因】 貉病毒性肠炎又称传染性肠炎，是由细小病毒引起的一种急性、热性、高度传染性疾病。

【症状】 病貉精神沉郁、食欲降低，弓腰蜷缩于笼内，似有腹痛症状。进而呕吐、腹泻，呕吐物开始呈黄水状，有时带有少量食物残渣，后期均为胃液。腹泻物颜色各不相同，早期为黄白色、粉红色，也有黄褐色，后期为咖啡色、巧克力色或煤焦油状，有的带有血样物或粉红色黏膜样物，有的粪呈不规则圆柱状。

【治疗】 用注射过疫苗的貉的全血或血清 20～30 毫升，加青霉素 20 万单位、链霉素 15 万单位腹腔注射或皮下多点注射。为预防肠道细菌继发感染，可注射庆大霉素、卡那霉素、诺氟沙星、乳酸环丙沙星等。

【预防】 免疫接种细小病毒灭活疫苗是预防本病可靠的方法。一般每年接种两次，第 1 次在每年的 6 月，在仔貉断奶分窝 21 天后进行。仔貉皮下注射或肌内注射 0.5 毫升，15～21 天后再接种 1 次，每只 1 毫升。同年对成年貉也进行一次免疫接种，每只 1 毫升。所有参与配种的成年貉和当年的育成貉都要进行免疫接种。

（三）传染性脑炎

【病因】 貉传染性脑炎是由犬腺病毒引起的一种急性、败血性、接触性传染病。

【症状】 可分为脑炎型和肝炎型。

脑炎型：病貉突然发病，站立困难，食欲废绝，鼻镜干燥，四肢麻痹，视力减弱，间歇抽搐，口角流涎。狂跳，倒地痉挛，体温高达 40～41.5 ℃。随着病程进展，抽搐间歇缩短，衰竭倒地昏迷，濒死期较长，1～2 天后死亡，致死率高。

肝炎型：病初精神轻度沉郁，食欲稍减、渴欲增加，鼻镜干燥，皮肤黄染，流水样鼻液和眼泪。随着病程进展，出现呼吸加快、脉搏增数、呕吐、下痢的症状。部分病貉出现神经症状，2～7 天死亡，死亡率 10%～20%。

【治疗】 发病前期及时用抗血清治疗，中后期用丙种球蛋白，可以收到良好效果。注射维生素 B_{12}，成年貉每只每天 350～500 微克，仔貉每只每天 250～300 微克，连用 3～5 天，同时在饲料中加入叶酸，每只每天 0.5～0.6 毫克，连用 10～15 天。

【预防】 除了加强饲养管理、搞好防疫卫生工作外，还要进行预防接种，这是行之有效的预防本病的根本方法。目前，我国广泛使用的是传染性脑炎弱毒犬肾细胞苗。

三、寄生虫病

（一）螨虫病

【病因】 貉螨虫病是由疥螨科和痒螨科所属的螨寄生于体表或表皮下引起的一种慢性寄生性皮肤病，多为接触性传染。

【症状】 当螨虫钻入貉皮内时，引起奇痒。病貉搔抓、摩擦和啃咬。貉螨虫病开始主要发生在头部、鼻梁、眼眶、耳郭及耳根周围，之后发展到前胸、腹下、腋下、大腿内侧和尾根、四肢等部位。患部皮肤红肿，有疹状小结节，皮下组织增生。患部皮肤由于经常搔抓、摩擦、啃咬而掉毛。

【治疗】 阿维菌素，每千克体重 0.03～0.04 毫升，颈部皮下注射，1 周 1 次，连续 3 次。

【预防】 笼舍内保持通风干燥，定期使用 2%～3%克辽林或来苏儿进行消毒。

（二）附红细胞体病

【病因】貉附红细胞体病是人兽共患病。病原寄生在红细胞表面、血浆和骨髓中引起发病。病原为多形态、无细胞壁的原核生物。

【症状】潜伏期为6～10天，有的长达10天，发病时体温升高到40.5～41.5℃，呈稽留热。病貉表现精神委顿，不愿站立，呕吐，食欲不振或拒食。鼻镜干燥、脱皮，结膜初期苍白，后期黄染。毛被粗乱、无光泽。病初排少而硬的黑色粪并附有黏液或血液，后期腹泻。脱水严重，尿少，尿黄褐色或棕红色。消瘦、衰竭，最后死亡。

【治疗】咪唑苯脲，每千克体重1.5～2毫克，肌内注射，每天1次，连用3～5天。对于严重贫血的病貉，可用维生素C、B族维生素注射液，配合治疗。对于发热的病貉，可肌内注射双黄连注射液，每只40～80毫升，每天2次，连用3天。

【预防】夏、秋季做好防蚊、蝇工作，严格控制蚤、虱等吸血昆虫和疥螨的滋生。经常清扫笼舍、换垫草、清除粪便，定期进行环境消毒、笼舍消毒。严格检查饲料，做到无污染、无毒害。夏季做好防暑降温工作，冬季防寒、防潮。

四、代谢性疾病

（一）硒缺乏症

【病因】我国有些地区土壤缺硒，所以粮食中也缺硒。造成硒缺乏症的主要原因是饲养管理粗放，饲料单一或长期不补硒。

【症状】成年貉缺硒主要表现为心力衰竭、呼吸困难、消化系统紊乱、运动障碍及神经症状。患病仔貉身体虚弱，粪中带白色、灰色或黄色痢疾，有时还带有脓汁。爪红、水肿，嘴、鼻充血，四肢及尾有痂皮。严重者叫声无力，呼吸急促，牙关紧闭。

【治疗】成年貉用0.1%亚硒酸钠溶液，肌内注射，每天1次，每次2毫升。同时，口服维生素E，每千克体重5毫克，每天1次，连用5～7天。仔貉用0.1%亚硒酸钠溶液，每天1次，每次0.3～0.5毫升。同时，口服维生素E，每千克体重5毫克，隔日1次，直到痊愈为止。

【预防】日粮中硒的含量应达到每千克体重0.1～0.5毫克，维生素E需达到每千克体重10～20毫克，按标准添加。进入繁殖季节后，除添加预防量的硒和维生素E外，每月需补给1次硒和维生素E。加工调制的日粮温度降至50℃以下时，再添加硒和维生素E，以防高热破坏。

（二）食毛症

【病因】发生本病的原因有以下几个：一是日粮中含硫氨基酸，即蛋氨酸和胱氨酸量不足；二是日粮中长期缺乏某些微量元素，如铜、钴、镁等；三是环境因素的影响；四是貉本身患病引起代谢紊乱，如软骨症、肠胃炎、寄生虫等的影响。

【症状】有的病貉突然发病，一夜之间将后躯被毛全部咬断，或间隔地咬断，造成被毛残缺不全，尾巴无蓬松的尾毛，只剩刷状或棒状，全身裸露。如果不继发其他疾病，则精神状态无明显异常，食欲正常。常常因全身无毛而继发感冒，或由于食毛引起胃肠毛团阻塞等症状。

【治疗】饲料中重视添加含铜、钴、镁等矿物质的添加剂，并给予足够的维生素。病情严重时，饲料内除添加复合维生素外，每 50 千克饲料中再加入维生素 B_1 2.5 克，维生素 B_{12} 2 毫克，连加 5～7 天。

【预防】饲料中除适当添加羽毛蛋白粉、血粉等外，还要添加蛋氨酸，添加量应占饲料量的 0.2%～0.3%。同时，注意矿物质和维生素的添加。

五、其他疾病

（一）感冒

【病因】秋末、冬初、早春，由于天气多变，气温忽高忽低；饲养管理不当，卫生条件差，保温不佳，致使貉营养不良、抗病力急剧下降；空气污染、粪尿蓄积、缺乏垫草或潮湿，都能刺激上呼吸道和增加上呼吸道的感染性；种貉在寒冷季节经长途运输、环境改变等也极易感冒。

【症状】病貉精神不振，食欲降低，鼻镜干燥，流浆液性鼻涕，两眼流泪畏光，不愿意活动，体温升高 1～2℃，有的咳嗽、呕吐，重者继发肺炎。

【治疗】初期用阿尼利定注射液 0.2 毫升/只，肌内注射。重病貉，肌内注射，青霉素 30 万～40 万单位/次，每天 2 次。

【预防】为改善体况，增强抵抗力，在进入寒冷季节前应增加营养，在饲料的质和量上都要提高。预先准备好冬季的保温、防风、防寒设施。在寒冷季节里垫草要经常晾晒、更换。避免在寒冷季节运送、引进种貉，更不宜在寒冷季节改换饲养场所。

（二）肺炎

【病因】饲养管理不当、卫生条件恶劣、天气骤变、长途运输等都可引起貉抵抗力下低，致使多种微生物（肺炎球菌、葡萄球菌、链球菌、克雷伯氏肺炎杆菌、支气管败血波氏杆菌、巴氏杆菌等）入侵感染发病。环境潮湿、闷热、受寒感冒等，也可引起该病发生。

【症状】 病貉食欲不振，精神萎靡，被毛蓬松无光，鼻镜干燥，可视黏膜潮红、发绀，咳嗽，体温升高 1～2 ℃，病重者数天内死亡。

【治疗】 青霉素 30 万～40 万单位/次，肌内注射，每天 2 次，也可肌内注射阿尼利定注射液 2 毫升/次。土霉素每千克体重 0.025 克，口服，每天 2 次。拒食的病貉，注射 10%葡萄糖溶液 50～100 毫升。

【预防】 加强饲养管理，改善营养条件，饲喂易消化和适口性强的饲料。在寒冷季节、天气骤变时，要加强防风、遮雨等保温措施，以防发生感冒。

（三）胃肠炎

【病因】 饲喂腐败变质的饲料，笼舍、饮食具污秽不洁，饲料粗硬，脂肪过多等都能引起发病。

【症状】 病貉食欲不振或拒食，便稀或水样便，病程拖长，继发脓肿性便或血便。病貉精神沉郁，卧于小室或笼内，不愿活动，机体消瘦、衰竭。治疗不及时，可引起死亡。

【治疗】 立即停喂发霉变质的饲料，清除不良饲料或杂物，减少喂量，更换易消化、适口性强的饲料。每只貉口服土霉素 0.1～0.2 克，每天 2 次。每只貉肌内注射青霉素 30 万～40 万单位/次，每天 2 次。拒食貉，于 50～100 毫升 25%葡萄糖溶液中加入维生素 C 30～50 毫克进行注射。

【预防】 做好平时的饲养管理和卫生防疫工作，禁喂发霉变质饲料和不易消化的饲料。合理搭配日粮，达到全价、新鲜、卫生的要求。保持笼舍清洁、干燥。

（四）口腔炎

【病因】 因机械损伤或药物作用引起貉口腔炎。口腔炎可分为卡他性口腔炎、水疱性口腔炎、结节性口腔炎和溃疡性口腔炎 4 种。

【症状】 病貉口腔黏膜疼痛，充血，继而覆盖淡黄色薄膜或水疱及溃疡。感染时，黏膜及黏膜下组织发生化脓性炎症，有的发生坏疽或崩解。病貉出现流涎或血样液体。

【治疗】 排出口腔异物，用 3%过氧化氢或 1%高锰酸钾溶液清洗口腔。

【预防】 改善饲料品质，捕貉时严禁使用粗制器械。

（五）难产

【病因】引起难产的原因有两个：一是母貉妊娠期营养丰富，胎儿过大；二是母貉产道狭窄、子宫收缩无力、胎儿异位等。

【症状】难产母貉精神不安，发出异常叫声。在小室和笼内来回走动，有努责、排便等分娩动作，有的从阴道中排出红褐色血污。母貉不时舔外阴部，分娩后拒食，后期体力衰竭，子宫阵缩无力，不采取措施会导致母貉昏迷，进而死亡。

【治疗】确定母貉难产后，首先用催产素10～15国际单位，肌内注射，以加强子宫的收缩力，促进分娩。注射催产素后15～30分钟不见其效力的，可用手助产。先用消毒液清洗母貉外阴部，然后用甘油作阴道润滑剂，将助产人员手部消毒后涂上润滑剂，伸入产道将胎儿拉出。若实施催产、助产仍不能产出，可实施剖宫产手术。

【预防】妊娠期间，特别是妊娠中后期，要保证饲料中钙、磷、维生素等营养物质的均衡。笼舍不宜过小，相对增加其运动量。及时治疗妊娠期母貉的各种疾病，经常消毒，搞好笼舍及环境卫生。

（六）肉毒梭菌中毒

【病因】饲喂被肉毒梭菌污染的肉类等食物引起临床上以运动神经中枢和延脑麻痹为特征的中毒性疾病。

【症状】病貉食欲废绝、呕吐、咬肌麻痹、下颌下垂、垂舌流涎、咀嚼吞咽困难、两耳下垂、眼睑反射较差、视觉障碍、瞳孔散大。肢体对称性麻痹，由后肢向前肢延伸，进而引起四肢瘫痪。病貉反射机能下降、肌肉张力降低；出现明显的运动神经机能障碍，伴有腹泻及血样粪便。病貉体温正常或偏低，一般为36.2～39℃，卧地不起，对外界刺激无反应，但神志始终清醒。严重的病貉由于膈肌麻痹张力降低，呼吸逐渐困难。最后因呼吸肌麻痹和心功能紊乱，心力衰竭而死亡，死亡率很高。

【治疗】以洗胃排泄、解毒排毒、强心利尿和纠正电解质平衡为治疗原则。为阻止毒物吸收，促进毒物排出，可选用5%碳酸氢钠或0.1%高锰酸钾液洗胃，以中和毒素，促进毒物排出可以灌服大量盐类泻剂，如硫酸镁、人工盐等。解毒可注射肉毒抗毒素多价血清，每只肌内注射或静脉注射3～5毫升。

【预防】禁喂病死动物的肉及腐败饲料，注意严格保管饲料，防止腐烂变质，且肉类制品必须煮熟后再喂。

参考文献

布隆斯泰德，芬尼，哈里霍尔，2010. 养殖狐指南［M］. 刘志平，译. 哈尔滨：东北林业大学出版社.
陈国发，2014. 貉子的饲料和饲养管理［J］. 养殖技术顾问（6）：85.
陈宗刚，金春光，2011. 貉养殖与繁育实用技术［M］. 北京：科学技术文献出版社.
崔军明，吕月燕，赵燕春，2014. 貉沙门氏菌病的治疗探讨［J］. 当代畜牧（9）：66.
邓恒强，1998. 乌苏里貉养殖技术要点［J］. 农村养殖技术（8）：15.
丁吉章，吴大吉，2009. 貉子的四季饲养管理要点［J］. 吉林畜牧兽医，30（2）：8-9.
董清莲，2014. 貉传染性胃肠炎的诊断［J］. 养殖技术顾问（1）：180.
董伟，1980. 家畜繁殖学［M］. 北京：农业出版社.
高本刚，高松，2001. 毛皮动物养殖与加工［M］. 北京：化学工业出版社.
高建慧，2007. 貉胃肠炎的防治［J］. 畜牧兽医科技信息（10）：28.
何扣芝，2005. 乌苏里貉的繁殖特点［J］. 农村养殖技术（4）：19-20.
荷叶，2006. 乌苏里貉养殖技术要点［J］. 农村养殖技术（19）：29.
贺丽茹，2017. 貉犬瘟热的诊断鉴别和防控措施［J］. 兽医导刊（23）：67-68.
侯广福，侯国芳，1987. 貉子的饲养管理［J］. 饲料研究（8）：37-39.
华树芳，2001. 貉场的卫生防疫［J］. 特种经济动植物，4（7）：5-6.
华树芳，2002. 貉饲养管理的基本要求［J］. 农村养殖技术（12）：19.
黄庆申，岳丙华，石博勋，等，1998. 养狐养貉管理实用技术（续）［J］. 河北农业科技（5）：47.
姜海涛，2008. 貉食毛症的防治［J］. 科学种养（3）：47.
李凤武，2008. 狐、貉难产的诊治［J］. 养殖技术顾问（1）：33.
李沐森，2010. 貉的育种与选种［J］. 特种经济动植物，13（8）：5-7.
李晓元，于晓丹，2018. 貉子饲养管理要点［J］. 中国畜牧兽医文摘，34（6）：172.
李新，2012. 貉的育种措施［N］. 中国畜牧兽医报（14）.
梁书文，张卫宪，2008. 宠物繁殖［M］. 北京：中国农业科学技术出版社.
刘德庆，2014. 狐、貉、貂肺炎的防治［J］. 中国畜禽种业，10（6）：105.
刘庆仁，胡希荣，吴克，等，1998. 第一讲 貉病防治的基本知识［J］. 经济动物学报（2）：25.
卢利，何朋，2005. 狐、貉配种时的技术要点［J］. 江西畜牧兽医杂志（5）：50.
马泽芳，崔凯，2018. 毛皮动物养殖实用技术［M］. 北京：中国科学技术出版社.

马增晖，阚秋霞，2016. 貉产肠毒素型大肠杆菌的分离鉴定［J］. 当代畜禽养殖业（10）：3-4.
盛和林，1992. 中国鹿科动物［M］. 上海：华东师范大学出版社.
石贵铎，2006. 种母貉的发情鉴定和配种［J］. 特种经济动植物，9（1）：2.
宋嘉，朱娜，2013. 浅谈貉子的养殖技术［J］. 农民致富之友（24）：200.
宋如军，于国成，2015. 浅谈貉子的妊娠期饲养管理［J］. 农民致富之友（10）：240.
苏显锋，左晓强，张守红，等，2009. 貉螨虫病的防治［J］. 养殖技术顾问（4）：134-135.
隋国香，2009. 种貉的繁殖特点及饲养管理［J］. 养殖技术顾问（3）：141.
田奇，万国有，张连喜，等，1987. 貉治疗技术的应用［J］. 毛皮动物饲养（3）：14.
汪恩强，金东航，黄会岭，2003. 毛皮动物标准化生产技术［M］. 北京：中国农业大学出版社.
王锋，王元兴，2003. 牛羊繁殖学［M］. 北京：中国农业出版社.
王丽丽，2013. 乌苏里貉魏氏梭菌病的诊治［J］. 畜牧与兽医，45（7）：122-123.
王星，2009. 乌苏里貉繁殖技术要点［J］. 新农业（9）：18-19.
王治梅，2008. 貉子的饲养管理技术［J］. 当代畜禽养殖业（10）：52-53.
吴斌，2010. 貉标准化选种选配技术规程探讨［J］. 特种经济动植物，13（9）：4-7.
向前，2015. 貉养殖关键技术［M］. 郑州：中原农民出版社.
肖永君，2002. 貉的繁殖特点［J］. 特种经济动植物（12）：2-3.
肖永君，2003. 貉的交配行为及发情鉴定［J］. 特种经济动植物，6（1）：4-5.
薛彦军，2009. 貉绿脓杆菌病的诊治经验［J］. 北方牧业（11）：26.
杨玉石，2012. 母貉配种关键技术［J］. 农村养殖技术（4）：36.
杨振燕，2013. 貉食毛症的防治［J］. 北方牧业（15）：26-27.
尹春珠，2017. 貉肉毒梭菌中毒的诊断与治疗［J］. 中国畜牧兽医文摘，33（12）：217.
翟洪卫，董耀勇，郭庆明，2013. 貉肉毒梭菌中毒的救治［J］. 中国畜禽种业，9（1）：95-96.
张玉，时丽华，陈伟，2001. 特种毛皮动物养殖［M］. 北京：中国农业大学出版社.
张振兴，陈闻，李玉峰，2008. 世界养鹿业概况与我国养鹿业的发展策略［J］. 经济动物学报，12（1）：49-52.
赵桂炎，丁尚红，赵旭，等，2018. 貉犬瘟热的综合防治措施［J］. 特种经济动植物，21（3）：17-19.
赵秋梅，2011. 貉附红细胞体病的诊断治疗与预防［J］. 畜牧兽医科技信息（5）：92.
赵秋梅，2011. 貉魏氏梭菌病的诊治报告［J］. 畜牧兽医科技信息（6）：116.
赵世臻，沈广，1998. 中国养鹿大成［M］. 北京：中国农业出版社.